U0179514

陶瓷手工成型技法

［美］森夏恩·科布（Sunshine Cobb）　著

张婧婧　译

上海科学技术出版社

图书在版编目（CIP）数据

陶瓷手工成型技法 /（美）森夏恩·科布
(Sunshine Cobb) 著 ；张婧婧译. -- 上海 ：上海科学
技术出版社，2022.1
（陶艺学习系列丛书）
书名原文：Mastering Hand Building
ISBN 978-7-5478-5586-7

Ⅰ. ①陶… Ⅱ. ①森… ②张… Ⅲ. ①陶瓷—成型—
生产工艺 Ⅳ. ①TQ174.6

中国版本图书馆CIP数据核字(2021)第274059号

Mastering hand building: techniques, tips, and tricks for slabs, coils, and more by Sunshine Cobb
Foreword by Andrea Gill
© 2017 Quarto Publishing Group USA Inc.
Text © 2017 Sunshine Cobb
Photography by Tim Robison, except where otherwise noted
Cover and Page Design: Laura Shaw Design
First published in 2017 by Voyageur Press, an imprint of The Quarto Group
Simplified Chinese translation copyright © 2022 by Shanghai Scientific and Technical Publishers
All rights reserved. No part of this book may be reproduced in any form without written permission of the copyright owners.

上海市版权局著作权合同登记号 图字：09-2020-895 号

陶瓷手工成型技法
［美］森夏恩·科布（Sunshine Cobb） 著
张婧婧 译

上海世纪出版（集团）有限公司
出版、发行
上 海 科 学 技 术 出 版 社
（上海市闵行区号景路 159 弄 A 座 9F-10F）
邮政编码 201101   www.sstp.cn
上海中华商务联合印刷有限公司印刷
开本 889×1194   1/16   印张 12.5
字数 300 千字
2022 年 1 月第 1 版   2022 年 1 月第 1 次印刷
ISBN 978-7-5478-5586-7/J·67
定价：158.00 元

序 言

1972 年秋天，我来到堪萨斯城艺术学院，这里是陶瓷艺术的热土。当时，杰基·赖斯加入教师队伍并提出了新的观点，包括各种手工成型技法和装饰技法。她给肯·弗格森和维克托·巴布倡导的高温烧成和拉坯带来了挑战，我们对此充满了热情。在专注于亚洲的陶器时，杰基教我们如何在手工制作的器皿上使用低温的商业釉料、贴花、光泽釉和彩绘。这完全不同的审美观很有感染力，并引发了一场近乎革命性的变革。

那年的某个时候，一个学生印刷了保险杠贴纸。贴纸是亮橙色的，大约 12.5×15（cm），上面写着："手工制作者联合起来！"有时我想知道人们看到保险杠贴纸时会怎么想？什么是手工制作者？为什么他们需要联合起来？当时的社会状况使得许多的汽车保险杠都贴上了不同的口号，而我们的是："陶瓷艺术自由宣言"。

这句话不是由我们创造的，但它会让人们觉得我们处在行业变革的边缘。当时一位大四学生约翰·吉尔，他用软泥板成型法制作的茶壶、罐子和杯子影响了很多学生，也包括我。后来我们不但成了工作伙伴，还结为了夫妻。另一个神奇的事情是我们与马克·法里斯取得了联系，他曾经和沃伦·麦肯齐以及明尼苏达大学的一批学生一起访问了堪萨斯城艺术学院。我不知道他是否已经尝试过软泥板成型方法，但他很快就在他的作品中加入了手工制作的元素，并用这种技术制作了华丽的罐子。大约在同一时间，维克多·巴布演示了如何使用非常大的硬泥板来制作盒子。这也是我创作作品使用的方法。

当我第一次接触陶瓷时，我是一个画家，造型对我来说似乎很陌生。然而，从一开始我就发现用泥板成型非常像绘画。我把泥板压入模具后可以用刀刻画线条并塑造出空间。这个方法可以快速创建渲染良好的通用图形，然后将它们组合在一起，根据我的窑炉大小来创作尺寸合适的作品。这就像是在画布上，我可以自由地创作不同形状、颜色的图案。我找到了自己的方式，然后就不断地试验和创作了。

我仍然喜欢泥板正好半干时的感觉，而且我通常在开始一系列创作之前至少准备 90kg 的黏土来压制泥板。我走入工作室时，脑海里除了想做的作品，几乎没有别的想法。制作阶段与装饰阶段是分离的，因为我很早就知道，在表面留下的痕迹越少，就越能发现新的色彩和创意。有时我会在壶上涂上一层厚厚的白色釉料，称为锡釉陶，这是意大利文艺复兴时期的技术，或者用一层层的化妆土来作为装饰。近几年来，我找到了一些有特殊的文化和历史背景的图形作为创作的出发点。这些形式，虽然没有被特别设计过，但来源于我曾经看到过的一些图形，比如日本印花和土耳其长袍，以及中国盘子上的一篮鲜花。我一直在寻找，在不经意间找寻到创作的灵感。

我在阿尔弗雷德大学教手工成型入门课已经有 30 年了。随着时间的推移，这门课程已经从强调器型制作的课程发展成一门包括注浆和印坯成型的高度雕塑化的课程。然而，我们并不想把课程名称改为"陶瓷雕塑"。手工成型并不是指一种物

盆与花瓶系列之鹦鹉 \ Andrea Gill \ 泥板成型与压模成型（图片由 Brian Ogelsbee 提供）

体的类型，而是指一种创作方式，这就是我们想通过研究泥条盘筑、泥板成型、印坯及上釉这些初级的创作方法来思考这个问题。

　　黏土可以是干燥的，已经烧制过的，或者是稠稠的泥浆，当然，也可以是装在塑料袋里使用方便的块状土。陶瓷手工成型从来没有像今天这样，既简单又具有挑战性。手工制作遇到了前所未有的好时机。

安德里·吉尔

（Andrea Gill）

阿尔弗雷德大学陶瓷艺术专业名誉教授

目　录

第一章
基础知识

当你觉得需要很多特殊的工具来开始创作的时候，你很容易把工作室的创作空间变得复杂化。不管是某个特殊的工具或者合适的黏土，总有一件东西让你觉得在创作中是必不可少的。然而，在过去的20年里，我意识到最重要的其实是我自己！仅凭简单工具就可以做出很棒的作品。

即便如此，工作室、工具和黏土在手工创作过程中还是很重要的，创作地点和创作工具也会影响创作过程。我将在接下来的几章中介绍以上这些内容。在这一章中，我还会介绍本书中使用的一些关键术语和陶艺基础技巧。如果你是刚接触陶艺的新手，这些内容将会特别有用，并可能帮助克服那些最初的困难，使你的创作越来越容易。

在开始之前，我还要强调一点：在这本书中，我是以自己的方式进行陶艺制作。如果你是一个经验丰富的陶艺家，我的方式可能与你的相似，也可能完全不同。你肯定深有体会，在某些时刻，不会去思考要如何去利用工具，而是在想作品需要做成什么样子以及如何实现这个目标。你不需要因为我的叙述而改变你原来的创作方式，但我鼓励积极探索：最终你可能会发现自己喜欢这种新的方式！不过，如果你已经有了固定的工作习惯和有效的创作技法，那就只需要考虑对于你来说更有意义的东西，诸如坯体的制作、材料的选择，以及预期的成品、创作的思路等。

崇尚简单，让我们开始吧！

工作室

人们常说在陶艺工作室工作就像在"玩泥"。这确实有几分道理，但"玩"的同时，工作室的设备和安全问题是非常重要的。请严谨认真地对待工作室的运行环境，如果出现了什么状况或者不清楚如何操作，要及时向有经验的陶工求助，安全第一。

泥板机

注意工作室环境

如果你和大多数的陶艺家一样，和别人共享一个工作室，那么养成保持工作室整洁的习惯是非常重要的。即使你有自己的工作室，也应该保持它的整洁。

一个干净整洁的工作室有一个明显的优点，那就是可以进来直接开始工作。另一个好处是可以为每个人创造一个更安全的环境。湿黏土被认为是稳定和安全的，但是当黏土变干并被压碎时，你将会吸入泥土粉尘。一个充满粉尘的工作室是不安全的。

长时间吸入粉尘，会导致疾病如产生肺部问题，或引发其他健康隐患。如果你觉得你不会制造这么多的粉尘，不妨试试在一个主要是白色黏土的空间里使用红色黏土创作（图A）。看看结果，你是否还坚持这个观点。

这是我第一次在公共工作室的个人空间里创作时发生的事。我一开始用红色黏土进行创作，然后很快意识到黏土粉末能飞很远：工作室周围都是红色的脚印，它甚至出现在我没去过的地方。这简直太疯狂了，很庆幸那次的经历，然后我开始每天晚上清理我的工作空间，每周至少拖地一次，保证创作空间的干净。

备注：在公共的工作室里，要更加注意，即使你自己对粉尘无所谓，也要为其他人考虑。作为一名教师，我相信，每个班即便只有一个学生无视我说的话，用扫帚扫地而不是拖地，都会让大家吸入粉尘。虽然这看起来像是常识，但并非人人都清楚。请引起注意！

还有一点是工作室的精神空间。我很幸运能够拜访全国各地的优秀工作室，从最先进的艺术工作室，到树林里没有自来水的小屋，尽管一个工作室可能会营造出某种特定的氛围，但我更在意陶艺家本人能给工作室带来什么样特别的感觉。我参观过的最好的、最突出的工作室都是因为那里的陶艺家。所以，当你加入一个新的工作室时，可以问问自己：我该怎样为这个工作室做出一些贡献？

同时，你也需要在公共工作室里设定一些边界。工作室是一个自由、舒适、安全的空间，可以随心所欲地创作。工作室时间是属于我们自己的，它是宝贵的，是值得工作室伙伴们共同去珍惜的。在工作室是潜心创作的，而不是去社交的，尽管确实需要一些社交活动，并且很享受这作为公共工作室的一部分，但我们得明白这是一件次要的事情，在任何工作室都需要去平衡好这两点。

备注：当很多人共用一个工作室时，必然会有冲突。试着用理智和善良来解决这些冲突。每个来到工作室的人都应该有一个安全、快乐、舒适的工作空间。如果冲突已经不能自行解决，那就寻求帮

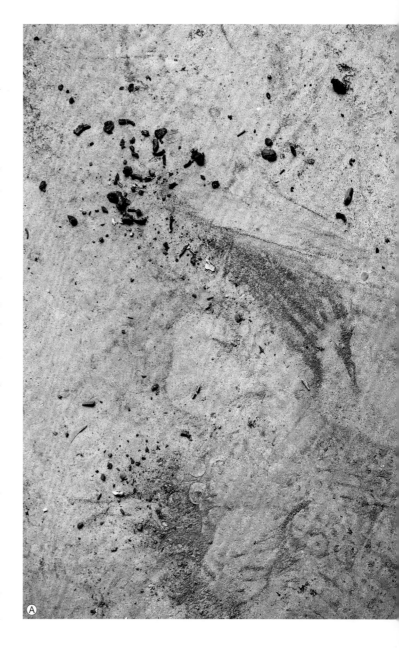

助。如果你们有一个工作室负责人，这个人通常可以帮忙。

总之，要以最好的状态来到工作室，以高效的方式来创作，尊重你自己和他人为创作所付出的宝贵时间。

工作室设备

大多数工作室都有拉坯机、秤、泥条机、窑炉、揉泥凳、泥板机和装有自来水的水槽（通常带有泥土收集器）。有些工作室会有搅泥机、练泥机、喷釉机、空气压缩机、喷砂机和研磨机，另外一些工作室甚至会共用晾坯板、拉坯板、坯架、擀泥杖和成堆的石膏模具等。根据工作室的具体需求和服务对象的不同，所需要的工具也不只以上这些。以上这是我工作室的常用设备。

备注：如果你不知道如何使用工具或机器，务必要寻求帮助！不要冒险让你的设备因为使用不当而损坏（陶瓷设备的修理和更换成本很高）。如果不是放在你的架子上的工具或者很明显是公用的设备，要在被允许的条件下使用，不能擅动。

第一步是弄清楚你要在哪个位置工作，喜欢站着还是坐着？任何一个工作室都会提供各种各样的选择，方便陶艺家要进行长期的创作活动。注意你的工作状态，如果桌子太高或你的作品太大，就站起来工作（图B）。

在坐着进行创作的时候，把椅子调整到最舒适的状态并且确保脊椎是直的（图C）。即使是座椅高度的微小差异也会影响你的姿势。这一点可能看起来微不足道，但长时间地保持一个不舒服的坐姿会影响你工作时的感受。在可利用的空间里尽可能地保持姿势的舒适，或者调整作品放在桌上的高度，以便以更自然的姿势进行创作（图D）。

成立工作室时，我做的第一件事就是给自己

买一把有靠背、高度可调的椅子！你也可以用垫子来改善你工作室里的座椅的高度和舒适度。不管做什么都要注意坐姿，并且要记得经常站起来走动一下，一个姿势保持太久会导致肌肉僵硬酸痛。

如果喜欢站着创作，记得在创作过程中注意作品的高度变化，并相应地调整桌子的高度，让自己操作更舒适。另外，很可能是一直站着进行创作的，所以要穿舒适的鞋子，并注意休息。

接下来是工作台。如果桌面光滑，可以直接在上面工作，有些用布覆盖的桌面也是可以的。不过，布有可能会在泥土上留下印记，并且会沾土，如果用海绵清洁又会变湿，需要时间晾干。比起直接在桌子上工作，更建议在石膏板、坯板，甚至晾坯板上进行创作。有一个便携的工作台可以方便你移动作品。

大多数工作室的揉泥区域都有一个或两个揉泥凳和秤（图E）。如果没有揉泥凳，你可以在一个坚固的，覆盖干帆布的桌面上揉泥。揉泥甚至可以在一块石膏板上完成，但在石膏板上要小心，石膏板的切割边缘有胶布缠绕，胶布应完好无损，以确保石膏板的碎屑不会被揉进泥土里。

备注：在公共工作室里，仪器的刻度经常会被调乱，所以如果需要给泥土称重，要先把仪器清零。

泥板机（见第10页）是非常便利的工具，几乎所有泥板机的使用方法都一样：要用它去滚压泥土，形成一个特定厚度的泥板。不过，模型看起来

可能大不相同，在找到自己用起来顺手的模型之前，可能需要听取工作室其他人的建议。如果没有泥板机也没有关系，用木条和擀泥杖也可以很容易制作出泥板来（更多有关制作泥板的信息可以参见本书第 80 页）。

　　泥条机和泥板机类似，是一种便捷的工具，但不是必需的（图 F）。其实我更喜欢用手工制作泥条（见本书第 56 页）。但如果做一个大型作品，需要很多泥条（或其他挤压形状）的话，使用泥条机可以节省时间。看看本书第 37 页的 Nathan Craven 的作品或本书第 192 页的 Robert Brady 的作品图片，可能会对使用泥条机进行创作提供一些想法。同样，不同的机器的出泥口会有不同的模型板，所以在使用泥条机之前，要先阅读说明书。

　　工作室可能有潮湿或者干燥的地方，可以用来储存未完成的陶艺作品，在第 34 页有更详细的描述。

　　最后要强调一点：保持干净！离开工作室的时候就要把工作台清理干净，尤其是在公共工作室。我喜欢在创作的间隙进行整理，因为这样可以为下一步工作做好准备，并成功开启后续步骤。这种方式可以让我在准备好工具和设备的同时顺利地过渡到下一步创作。

提前筹划

当我开始制作自己的作品时，我会尝试提前预估在整个制作过程中可能出现的问题。从准备圆形坯板到最后上釉，每个环节所需工具和所需的工作空间。如足够大的圆形坯板来放置泥板，足够的塑料膜来转移它们；还需要坯板、坯架，以便放置素坯，并且晾干到可以上釉的程度；以及一辆小推车来移动作品等。

另外，考虑好作品的大小。这件作品是否最终会做得太大以至于你自己很难（或不可能）移动？如果一个人搬不动它，你也许不应该创作它，这是我在搬了许多别人的作品后得出的结论。在开始做大型作品之前，要先确认一下你的帮手。另外，考虑一下要使用的空间，因为大型作品晾干过程中会占用工作室宝贵的空间。

大型作品除了移动和晾干空间的问题，也要确保它可以放进工作室的窑炉。我在装窑时不止一次地看到有人创作的作品放不进窑里。因此在你创造出一件无法入窑烧制的精美作品之前，先要考虑到窑炉尺寸。

自我保护

自我保护对我来说变得非常重要。本书有很多地方会引发你的思考，特别是将身体状态和精神状态联系起来，因为心理和情绪会影响创作的状态。

我从事陶艺创作几十年了。很久以前，我把专业工艺的实践作为首要任务，因为长期劳作伤到我的手、手臂，甚至妨碍到我的工作，但没能引起重视。直到我的创作和生活都遇到瓶颈，使我身心俱疲。那时的我四处奔波，从事教育的同时，还在工作室里做创作，筋疲力尽，影响了健康，也感内心压抑抑郁。忙碌的一年结束时，我不确定自己是否还能继续坚持下去。多年来，一直把健康、情感和身体放在待办事项清单底端的我，意识到必须改变。

第二年我开始把自己放在第一位。我承诺自己要改善健康状况，把运动作为头等大事。我做了一些改变，让我在奔波时能更好地照顾自己，也为工作室生活制定了一些新的规则。我不再一天工作12个小时，也不再通宵，也不一边上釉一边吃薯条。有些习惯很容易改掉，而有些习惯则需要一些时间。多年来总把工作室生活放在首位，现在我必须提醒自己，每天花几个小时在自己身上，健康才是最好的福祉。

很庆幸，方案奏效了，我再次爱上了我的工作室生活，并且成为了更有活力的教师。我能把最好的自己带到工作和家庭生活中。照顾好自己的承诺改变了我的生活和工作。

如果你正在考虑从事陶瓷行业，那么就要努力保持平衡，照顾好自己，锻炼身体，并在工作室创作之余抽出时间让自己的身心焕发活力。这会很好地服务于你的创作工作，并有助于维持一个长期健康的职业生涯。另一方面，如果你很晚才开始接触陶艺，泥土可以成为自我治愈的工具。这真的很奇妙！泥土是一种神奇的东西，它能消磨时光，也是送给自己的礼物，因为它能将你的情感释放出来。有时阶段性地离开是为了保持蓬勃向上的创造力。

最佳状态

对于陶艺工作者来说，有一些通用的最佳操作姿势。姿势和人体工程学对所有工作室艺术家都很重要。注意你是怎么坐着或站着创作的，有多长时间了，注意你是如何支撑你的身体和手的。大多数人都偏向于弯腰驼背着工作，随着时间的推移越来越严重。改掉这个习惯，或者至少四处走动，舒展你的身体，是非常重要的。

我还建议为你要做的任务设定时间。例如，称出限定数量的泥土做杯子，然后开始制作，到了需要做更多杯子的时候，就得站起来，称出更多的泥土。这样就不会一连几个小时坐在一个地方。如果你需要一个提醒来告诉自己要走动一下，

但又不想以这种方式打断你的工作，试着准备一个计时器。

　　长时间的手工创作，你可能会感到疲倦或肌肉酸痛，这是很常见的。通过伸展运动和休息来增强对抗这种情况的能力。如果你在不舒服的状态中工作，忽略了身体的对抗，陶艺就不会有那么多乐趣。我们都想尽可能长时间地创作，下面是一些在工作室里伸展和锻炼的方法。

伸展双手

　　多做伸展运动！我的母亲是一名理疗师，也是给予我这种帮助的来源，她总是提醒我："柔韧度是长寿的关键。"所以，在她的帮助下，我开发了一些基本动作来解决我们陶艺手工从业者面临的一些常见问题。

　　在尝试这些伸展运动之前，记住要听从自己身体的声音！我不是这方面的专家，所以也不知道你的身体限度。如果可以的话，咨询医生或自己的理疗师、按摩师或瑜伽师，寻求适合你身体和体能的动作。以下伸展运动可以每一两个小时进行一次，也可以在感到疲劳的任何时候进行（例如当你感到手抽筋时），每次伸展 20 ～ 30 秒。

　　手指俯卧撑：开始时双手按在一起做祈祷姿势，指尖全部触碰。然后，尽可能地将手指分开，

然后分开手掌，保持手指对立，使手指形成"塔尖"状（图 A）。

甩手：像你刚洗完手要把手上的水甩干一样，把你的手指甩动起来（图 B）。

伸展双手：开始时，双臂向前伸直，双手和手指朝下。张开并移动你的手指，你应该会有舒展的感觉，然后小心地用一只手来帮助另一只手拉伸（图 C）。

祈祷姿势：双手并拢放在面前，靠近身体。移动双手的同时保持与手臂水平，同时保持手掌贴在一起（图 D）。

其他伸展运动

当陶艺工作者长时间工作时，我们都可能会忘记自己是弓着腰工作的。我们太专注于正在做的事情，以至于手臂、肩膀和背部长时间的承受着压力。所以，停止和改变这个姿势很有必要。放松肩膀和背部，坐直，把这作为重新调整姿势的方法。

手部伸展：站起来，先伸展双手，翻转手掌，进行热身。然后进行以下针对身体其他部位的更强的伸展运动。

头部伸展：缓慢地向左右两边活动头部，使耳朵贴向肩膀。

倚门伸展：倚靠在一个敞开的门上，手放在门框上，大约与肩膀齐高，肘部朝下，然后身体向前倾，这可以伸展你的肩膀。

倚桌伸展：这是我的最爱的运动之一，很容易在工作室进行。站在离桌子 60～90cm 的地方，双脚放在臀部下方。手掌放在桌子上，慢慢向前弯曲。让你的头在你的手臂中间，臀部向后，并轻轻地伸展你的身体（不要撞到头），你应该能感觉到大腿、下背部、肩膀之间、甚至手臂的伸展。

其他运动：在午休期间，我经常骑自行车，这让我的身体活动起来，血液加速流动。走出工作室，享受一会儿日晒，再精力充沛地回来，准备好迎接下一步的专注创作。选择你自己的方式，确保在一天中可以分出几个时间段做一些体育活动。

备注：我是推拿的忠实拥护者，除了放松（对某些人来说），推拿还可以作为一种康复治疗。如果你接受推拿，让你的推拿师把力量集中在你的手、手臂、肩膀、背部或其他经常感到疲劳或酸痛的地方。

工作室的许多任务，如装窑，需要注意姿势和人体工程学

布莱恩·霍普金斯 | 制陶原动力
Bryan Hopkins

你是如何开始从事陶艺创作的？

我第一次接触陶艺是在宾夕法尼亚西切斯特大学念大三的时候。那时我主修数学，需要学习一门艺术选修课才能毕业，我就跟着一个朋友去上陶艺课。

我不喜欢泥的手感，一开始也不擅长手工制作。然而，拉坯机打开了我的新世界。当我第一次用拉坯机去制作一个罐子时，我就爱上了这门艺术。我不是在说笑，做那个罐子对我而言很有意义，我感到一种从未有过的舒心自在。我开始在当地农贸市场的手工艺品展上销售作品，并逐渐在其他的手工艺品展上销售。

你做陶瓷的动因是什么？

改变。虽然一个壶永远不会改变世界，但我坚信一个壶、一个杯子，有可能影响一个人的一生。晨起，用一个手工制作的杯子喝杯咖啡已经成为一种仪式，而这个杯子是一个非常重要的具有仪式感的工具。一边慢慢品咖啡，一边思考生活，这几乎成了一种不二选择。再比如，你决定从一个陶艺家那里买一个杯子，也许你们曾在工艺展上相遇，在买杯子的时候又握过手，那么这个杯子连同你与陶艺家接触的回忆就会成为生活的一部分。

我作为一个制作者，不仅得到了杯子的酬劳，也获得了继续设计杯子的动力，以及和另一个人产生的情感共鸣，这就在两个人之间建立了一种联系，也是我制作这个杯子的初衷。所以，虽然我的作品可能并不会立即影响整个社会，但我相信它能通过影响一个人从而影响我们每个人所处的世界。

是什么让你发现了制作的技巧？

我是个完美主义者，所以瓷器和我是为彼此而生的。瓷器是洁白的、透亮的、光滑的，不含砂砾。我不喜欢粗陶泥。瓷泥不是被动的制作对象，而是我的一个工作伙伴，它有自己的"想法"，并且我觉得我不是简单地"用"瓷，而是与瓷相互陪伴。我目前的制作技法能够充分利用瓷器的半透明特性，可以说我的制作技法就像在一个还原气氛的气窑里烧制11号锥体一样，给最后的作品增加了很多不一样的效果。

你使用哪种黏土？为什么？

我用的是自己在工作室配制的瓷泥。它是小批量的，手工制作的，这是我见过的最白、最透亮的瓷泥，我花了大约四年的时间才研制出这样完美的瓷泥。透亮和洁白度对我来说是非常重要的。我的作品都是一个主色调，所以我需要洁白无瑕的瓷泥来表达作品的纯净。

在你创作的过程中你得到了什么重要的经验？

1 控制泥性是一场谈判，而不是特定的。

2 没有绝对的标准。（评分？没必要）

3 做一个完美主义者糟透了。

4 配制符合自己需要的泥是很有必要的，并且已经变得和制作技法一样重要。

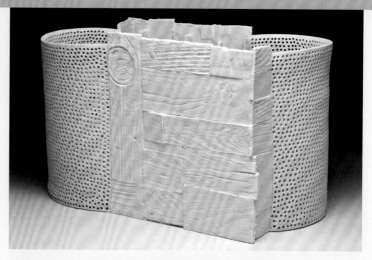

上图：篮子 \ Bran Hopkins \ 泥板成型、穿孔、还原烧成
左：花瓶 \ Bran Hopkins \ 泥板成型、穿孔、还原烧成

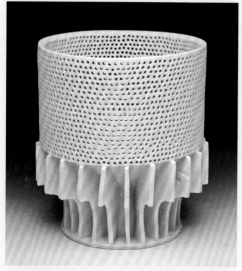

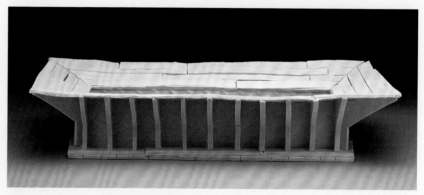

上图：托盘 \ Bran Hopkins \ 泥板成型
左：高足碗 \ Bran Hopkins \ 泥板成型、穿孔、还原烧成

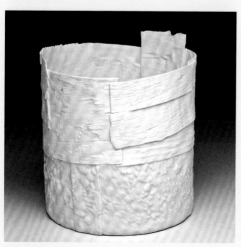

左：小杯子
Bran Hopkins \ 注浆泥板

右：小杯子
Bran Hopkins \ 注浆泥板

刮擦刀

刷子

割线

切割 / 测量棒

钢针

金属刮片

弓形切割器

刮痕工具

工艺刀

刮片

长木刀

工具和材料

正如我在本章开头所说，在工作室里，最重要的是你自己！不管有没有其他的工具，如果你不出现，那就什么也做不了。所以要投入到工作中去，不要让诸如没有足够的空间，没有完美的工具或黏土等问题阻碍工作的进行。当你出现在工作室并着手创作时，就会逐步积累技能并取得进步。

好了，现在我们来谈谈陶艺工具吧！我会在陶艺创作中选择合适的工具，并且尽量减少工具的数量。随着技能越来越娴熟，工具自然会变得更加个性化和具体化。很多人喜欢收集工具，但在某个时刻，需要摒弃掉多余的工具。我称之为工具的大扫除，一年检查一次工具，把从来没有用过的丢弃。如果工作室有设置公用工具箱，那就是它们的好去处。

常用的手工工具

我从事陶艺工作20多年，在许多不同的工作室工作过。下面是我使用过所有工具得出的结论：保持简单，从基础工具开始，根据需要再增添工具。虽然有些工具将在这本书中提及，但只是建议使用。看看手头有哪些工具可以使用，没必要去买齐清单上的每一件。应该随机应变，可以想办法用手边能拿到的工具进行创作或者迅速地即兴制造一个工具。工具可以提高工作效率，但不用在备齐工具上浪费时间。

基本工具

刮擦刀： 这种表面成型工具是我经常用来整平或打磨半干的坯体的。我也经常用它来打磨盖子或

有盖的盒子，以及修整较大的坯体表面。一个刮擦刀和一个水平尺可以处理不适合用弓形割泥线来打磨的部分。我工作室里有两种规格的刮擦刀。一种是一个10cm长的手持式刮擦刀（刨子），这在五金店很容易找到。我还喜欢一种更专业的刮擦刀，可以在卖黏土的店或五金店找到它：它是一种6cm的短款刮擦刀，刀刃是偏圆形或弯曲的。

备注： 对于刮擦刀，我更喜欢钝的刀片，新的刀片太过锋利。我还喜欢使用长的，10cm长的更像一个刨子，有手柄操作更顺畅。更小的刀片不需要使用手柄，也可以更快地操纵它的方向，小刮擦刀对于制作圆形的器具，比如一个盖子或者其他手作的东西来说更加好用。

刷子： 为了避免手指弄脏坯体，可以用湿刷子补水，或者用干刷子刷掉坯体上多余的泥。市场上有许多规格的刷子可供选择。在我的工作室里最常见的是五金店买的便宜刷子，我发现这种刷子非常适合用来去除坯体上多余的土，补水或者上釉。

割线： 当作品粘连在工作台上时，就需要某种类型的割线来帮助移动作品。我更喜欢短一点的割

线以避免缠结，我也喜欢有软橡胶把手的那种。

钢针：这是必要的基本陶艺工具。我经常用钢针来制造划痕和切割泥板（见 56 页），但通常不会像使用刀片工具那样用它去切割表面。

刮片：我有三种最喜欢的刮片：一个标准的金属刮片，一个绿色直角的谢里尔牌的刮片，一个小的黄色金属谢里尔牌刮片。我通常用铁皮剪刀把便宜的金属刮片剪成不同的形状。如果你也想这样做的话，剪切的时候要小心，确保不要留下锋利的边缘。我通常会重新修剪刮片，使之有一个 90° 角，而不是只有圆边。我喜欢谢里尔品牌的刮片，因为它们的大小和柔韧性选择范围大（不同的颜色表示不同的硬度）。除此之外，我还有几个锯齿状的刮片，但很少用到它们。

弓形切割器：我经常被问到，在工作室里最喜欢的工具是什么，我想就是它了！没错，弓形切割器是工作室里必不可少的工具。这是一个切割工具，主要用它来均匀地切割泥土，有时也会把它和木制测量棒结合使用。它可以一直保持锋利，不像刀子那样会变钝，它的每次切割都干净利落。当你购买的时候，挑选一个平的把手的，那种凸起的手柄拿在手里使用起来反而比较笨拙。大多数弓形割器都配有一个小的防滚罩，用于切奶酪，可以把它拆掉，因为它在我们陶艺制作过程中没有什么作用。

刮痕工具：针形工具跟刮痕工具不一样，一个刮痕工具的一端应该有多根针，因为刮痕工具的目

的是能快速高效地使黏土表面变得粗糙。如果买不到这样的一个工具，以用水管工的环氧树脂和 T 型针来做一个。在手工制作中，需要不断地将泥条与泥条连接、泥条与泥板连接、把手和水壶连接等，各个部分的拼接是陶艺制作过程中的重要一环，决定着作品的成败。这个工具的重要作用在于它能通过刮痕让连接处更牢固。

工艺刀：我使用的是工艺刀或手术刀，一种具有固定刃口的刀。他们可以在很长时间里保持锋利，不过也取决于使用的泥土。我唯一一次用坏了一把也是因为当时我使用了太硬了泥土进行创作。所以，请记住，一次性刀具是不适用于泥土的，更不用说长期使用了。

长木刀：我经常使用木刀，这种经典的工具深受我的喜爱，尤其是在泥条盘筑的时候。当使用普通的刮片会划伤坯体或者使用不便，或者当手也不适用的时候，我就用木刀来代替。这也是一个很好的可以按压处理作品边角的工具。

切割 / 测量棒：这种测量棒上有刻度可以用来测量，当把作品表面边缘弄平整以后，就可以用测量棒辅助泥割线进行切割。对于某些项目来说，使用两个测量棒会非常有帮助。这种测量棒也很适合用于从大块泥上切下泥板。在本书中提到的一些制作项目里，也可以用尺子来代替测量棒。

转盘：我的创作不能没有转盘，一旦转盘坏了我就要在当天找到一个替换。我不是唯一有这种感觉的

人。转盘是一个手作者的基本工具。我的转盘是重型的，它的重量和设计让它可以持续稳定地旋转。拥有一个好的转盘是一笔投资，但它可以一直供你使用。不要忍受不好用的转盘，那会影响创作。

备注：我有三个转盘，最小的那个桌面转盘直径约 27 厘米，使用得最多。

海绵：手边会放一些海绵备用。我更喜欢被使用过一段时间的海绵，不喜欢回弹收缩率太大的海绵，喜欢柔软的，容易拧的海绵。不过，由于一些原因，海绵往往会损耗，所以可以在身边多放几块备用。

其他可选工具

以下工具是附加的工具，但它们在我的制作过程中也是不可或缺的。虽然它们并不是万能的，但它们的使用频率足以让你们一开始认真对待手工制作时，就该考虑使用它们。

滚筒：滚筒是很好的平整工具，主要用于制作非常薄而宽的泥条，用于装饰效果。但滚筒也可以方便地将泥薄片连接起来，这有助于减少泥片重叠的数量。它们可以用于类似的斜切效果（切割泥土以增加表面积）。

修坯刀：关于修坯刀，大多数情况下，基本形状的刀具效果最好。我推荐三种形状：经典形状（梨形）、矩形和大约是标准工具的四分之一尺寸的刀。好用的修坯刀的关键是保持锋利。如果我计划修坯，会事先用打磨工具把它磨锋利。有些人也会用磨刀石（用来把刀具磨锋利的工具）来打磨。

小木刀：有一把小木刀是必不可少的，我喜欢把各种各样的小木刀放在方便拿取的地方，以便在不同的情况下使用不同形状的。它们是工具箱中的一个可选的附加项，便宜又实用，值得尽早添置。

拍泥板：拍泥板对于塑造更大的作品或加固诸如把手、盖子之类的附件来说是非常实用的。我最喜欢的拍泥板都是手工制作的，它们的用途各不相同。如果有打磨机和木材，你也可以自己制作一个，不过用木勺形状的木材制作会更加容易。工作室可能有一些公用的拍泥板。拍泥板是一个可选用的工具，但一旦你遇到（或制作）了一个好用的，请把它放在身边！

水平尺/标尺：当你需要测量较大作品（如花瓶）、有足作品的水平度时，或从桌面（盘子、盒子、蛋糕盘）上支起来的作品时，使用一个小的水平尺就很方便了。直尺的类型也有很多，但我推荐一个清晰的网格尺，如下页照片所示。

纹理工具（肌理印章）：市场上有很多纹理工具可以选购，可以自由选择和尝试。但如果自己制作纹理工具，那就更加有个性了，而且价格也会更便宜。我在休息时间最喜欢的活动之一就是做一些泥条，待它们半干，然后进行雕刻。一般一次做 10～20 个，经过素烧，然后保留最好的 3～4 个。平时注意收集素材和图片，寻找灵感（有关制作肌

滚筒

修坯刀

砂纸

水平尺

测量尺

小木刀

拍泥板

理印章的更多信息，请参见第 164 页)。

火枪 / 热风枪：这听起来像是工作室的一项奢侈的添置，但一个简易的火枪或热风枪并不昂贵。我喜欢用触发式丙烷火枪，它使用一个普通的丙烷罐装置，即使一位全职的工作室艺术家，每年也只要更换一次丙烷罐。

必须非常小心地使用这两种装置，通常热风枪比火枪更危险。因为人们对火比较小心，并且大多数人对使用明火更加慎重（我被热风枪烫伤过，但从来没有被火枪烧过）。不管你用哪种工具，安全都是第一位的，在你关掉这些工具之前和之后，要像打开它们时一样小心。因为它们仍然很烫，仍然会伤到你。

黏土

我被问及的一个最常见的问题就是"你在用什么黏土？"而我的回答几乎都不一样。那是因为我在教课时只是选择最方便的黏土。我不会随身带着工作室里用的黏土，也很少调配特殊黏土。事实上，我经常旅行和搬家，选择的黏土也会根据我住的地方而变化。

可以说，黏土是我的画布。这是很重要的，因为它是创作的基础。当我选择一个新的黏土时，我主要关心的是黏土的颜色是否与我正在创作的内容相符。我对练习时使用的黏土不会过分挑剔，可塑性强是最重要的。虽然自己制作黏土可以更便宜，并且对一些人来说，这是他们工作的一部分（见第20页布莱恩·霍普金斯），但我很乐意购买现成的。它为我腾出更多的时间做创作。所以，我对大多数初学陶艺者的建议是，找到一种易用的并且是你想要的颜色的黏土，然后花时间开始创作。如果你仍然对自制黏土比较感兴趣，那么你可以在稍晚些的时候去配置新的黏土或者在原有的黏土上进行新的探索。

挑选

一开始的时候，一个很好的选择黏土的方式是先了解工作室黏土的基本特点，比如烧成温度以及使用的要求。实际上，你能选择的黏土并没有你想象得那么多。你也可以与工作室的伙伴和导师交谈，了解他们使用什么，听从他们的建议，因为并非所有的黏土都是一样的。对于初学者来说有些黏土容易成型有些更难操作，不要太急于

责怪黏土不好用。失败通常是由于使用者的错误而不是黏土的错误导致的，了解黏土的性状需要花时间并且进行练习和尝试。

备注：当我刚开始接触黏土的时候，我尝试能得到的每一种类型。这帮助我认识到不同黏土的性能，虽然这在某些人看来是荒谬的。我曾经发现并且喜欢上一种可塑性不强的黏土，甚至到了由它来决定我可以做什么类型的作品的程度。黏土可以像丝绸一样光滑，也可以像混凝土一样粗糙，每一种黏土都是美丽和复杂的，取决于你如何塑造它。

以下是我在选择黏土时会考虑的：

颜色：黏土的主色调是想要寻找的色彩吗？它跟釉结合会怎么样呢？釉色是完全遮住了黏土原本的颜色，还是黏土的颜色会成为釉色的美丽背景？

熟料含量 / 可塑性：黏土是一种可塑性材料。如果你弯曲一个泥条，在褶皱处断裂的数量将帮助你判断其可塑性。如果断裂很少，这大概可以被认为是一种"可塑性强"的黏土。如果它破裂很多，这可能是一个"延展性差"的黏土。大多数在售

的黏土都是可塑性好的，这使得黏土很适合拉坯，而且通常也适合手工制作。

　　一款好用的且可塑性强的黏土中会有不同大小的颗粒物，这些颗粒物改善了黏土的多样性，并且存在于许多类型的陶器中，甚至一些陶器风格的黏土中。这些颗粒物就是熟料。简单地说，熟料是被素烧过的（改变了化学性质成为陶瓷，它不能再被转化成可使用的湿泥），然后磨成各种小颗粒，使之能够通过不同尺寸的筛网。

　　在黏土中加入一些熟料是很好的，尤其是在制作大型作品的时候。但是颗粒大小会影响黏土的感觉。我不是很喜欢加入太粗的熟料，更喜欢细腻的熟料，因为它可以让作品的表面保持光滑。过

注意左边烧成的杯子和右边的陶坯在尺寸上的差异，这是黏土收缩的一个很好的例子

多的熟料也会导致黏土在打磨过的接缝处变得易碎。如果你觉得我说的这些包含了太多的信息，那你只要记住，你需要一种有一点粗糙颗粒的可塑性黏土（沙子或细熟料），至少一开始是这样。

　　收缩率： 在选择黏土时，另一个要注意的重要因素是土的收缩率。整个过程从成型、到干燥、再到素烧，最后上釉烧制，都会收缩。一些土的收缩率很高达 10% ~ 13%，比较低的收缩率也有 5% ~ 9%。这是开始制作时就要考虑的，如果收缩率达到 10% 或更多，那么在第一次烧制之后，成品的尺寸可能会让你大吃一惊。收缩率越高的泥土也越容易开裂，尤其是如果你连接的是不同含水量的泥（如湿坯与半干状态的泥）。如果你对收缩率不太确定，可以咨询生产商。

　　软硬度： 实际制作时更多考虑的不是选择黏土，而是选择在什么时间使用黏土，就是使用时泥的干湿、软硬的状态。我希望工作的时候泥是柔软的，我不想使用干硬的泥！干硬可能表明泥在架子上放置的时间太长，或者含水量不高。更重要的是，用干硬的泥创作很累，手也会开始感到酸痛和疲惫。我也并不想赶时间，试图赶上泥变干的速度，那样的话，工作的最佳时机可能已经过去了。另一方面，我也不希望泥太湿，因为这需要花很多时间去等待它变成适合创作的干湿度。不过，如果要在软硬之间做出选择，我会倾向于选择软一点的泥。

　　特殊黏土： 在工作室里，你可能会遇到"纸浆

土"和"耐火土"这两种类型的特殊黏土，或者"乐烧黏土"。这些特殊黏土通常是根据需要来研发的，为特定功能或烧制过程所特有的。当你走到这一步，你就进入了自己制作黏土的领域。本节简要介绍了三种常见的特种土。

纸浆土：纸浆土是一些做大型手工成型作品的陶艺家最喜欢的类型。它也可用作修补剂。纸浆土是将纸浆和泥浆混合，然后让它足够坚固，这样你就可以用它来手工塑形（一旦它干燥到袋装普通黏土的状态，就可以用来进行创作）。由于纸浆是纤维状的，它在黏土中形成一种结构，使其在建造和干燥过程中变得越来越坚固。它塑形时间较长，在所有阶段都易于修整。

不过，不要天真地认为纸浆土可以解决所有的问题，和任何黏土一样，它也有自己的问题，比如经常臭气熏天（由于里面含有腐烂的纸）。本书中的作品不需要考虑使用纸浆土。不过，如果你想做的是大尺寸的作品，应该去探索纸浆土。

耐火土：耐火土是一种用来制作与火焰直接接触的器皿的黏土。如果你想做一个像油炸锅或砂锅之类，你会想使用它。虽然大多数黏土都能承受较小程度的热冲击，但有些黏土在温度过高时容易开裂。耐火土的化学成分比较特殊：它的设计目的是吸收直接在火焰上烹饪时产生的热度，甚至有能够承受直接从烤箱转移到冰箱的耐受性。有各种各样的材料可以保证黏土的热冲击性，但大多数耐火土的配方都受到严密保护。所以，如果你有兴趣，可以进行研究和测试。

乐烧土：乐烧需要一种具有良好强度的热冲击性能的黏土。乐烧土的种类有很多，可以在黏土商店里买到在售的乐烧土。

黏土的状态

学习陶瓷语言的关键之一是描述黏土的状态。在你对这些概念有一个很好的了解之前，这可能看起来很神秘且令人困惑。在本节中，我将概述一些基础知识。

本书中的项目和课程作品都与黏土的状态有关，因为只有在特定的泥土状态下，许多手工成型技术才能发挥作用。只有通过定期的工作室练习，才能掌握什么时间该做哪项步骤。

经过素烧后的黏土被认为是陶坯。在素烧前，仍然可以把黏土回收利用，然后重新开始创作。在陶坯状态下，也有许多可进行操作的阶段。我们根据黏土的干燥程度以及可加工性对不同状态的黏土进行命名。

黏土的状态与奶酪有很近似的一种感觉。刚从袋子里拿出来的泥状，应该非常湿润和柔软，类似奶油奶酪的质地。它很容易被撕开然后一拍就又和到一起，并且很容易进行粘连，不需要任何泥浆或打毛处理。在这个阶段使用，可以很容易地搓泥条、印坯、泥板成型，很容易地添加把手、盖钮和足，这也是修复裂纹的最佳阶段。

当泥在露天放置时，它开始变干。它的第一个阶段通常是软的半干状态。这种状态下的泥是很有韧性的，但仍然非常柔软和可塑，尽管它不再湿润（图 A）。如果把一块泥土弄弯，它可以自动折叠起

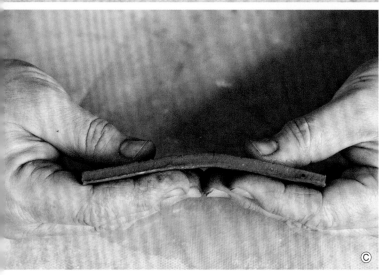

来。只要你小心处理，这种状态下的土就会保持形状，但它仍然是很柔软的，可以从你的手中或其他工具中获得印记。它会在一定程度上支撑自己，但在软的半干的状态下的泥仍然很容易粘到附加的湿泥或其他泥上。粘连附件时通常需要少量划痕、少量泥浆或水。

这个阶段可以做一些泥板成型作品，用模具、模板成型以及增加一些肌理。如果把泥放在这种状态下晾干，仍然可以通过泥条盘筑的方法继续往上塑造。除了粘连结合附件（如加上把手、盖钮、底座或盖子），还可以尝试进行修边或雕刻。

我最喜欢处于两种状态之间的阶段，即在软的半干状态过渡到下一个阶段半干状态之间的状态，我认为这个时期是进行塑造的最佳时期。

一旦泥进入半干状态（图 B、C），它可以保持有限的灵活性，承受一定重量而不会变形，但也会有不足之处。想象一片厚厚的奶酪：如果你把奶酪弯曲并对折，它会碎成两半。在半干的阶段，泥土也是如此，它仍然可以被轻微弯曲，但弹性有限。当你想增加把手时，附件需要打毛，并用泥浆连接。当此时黏土也将保持其原有形状，也就是说，没有机会可以再扭曲和大幅度改变其形状了。

一旦所有的物理水离开黏土，它就被认为是进入干透状态（图 D）。这是你想让它在进行素烧之前达到的状态，此时也是不可以对它进行再塑造的状态。一旦作品干透了，就没有办法再添加或修改。事实上，即使发现了裂缝，最好还是顺其自然。不过，可以进行一些装饰，如水洗或刷彩色化妆土。

进行第一次烧制后，它就不再是素坯了。现

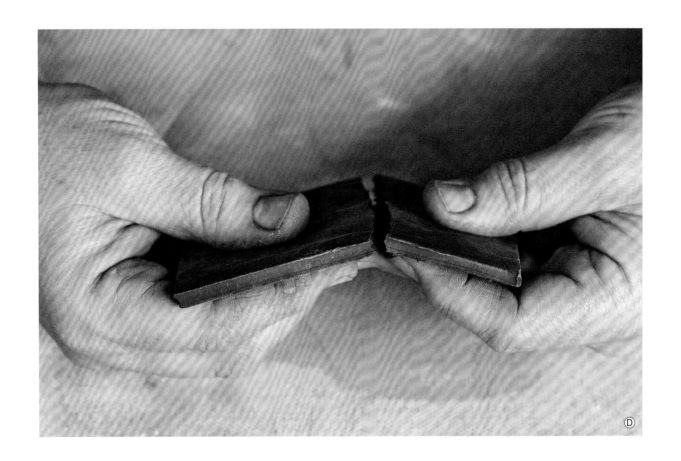

在你的作品就是素烧坯了。一旦它被素烧过，化学水就会被除去，不能再变成黏土循环利用，也不能在上面添加或修改。以后开始的就是釉下或釉上装饰。

备注：你的工作室有一个标有"待烧制"的架子吗？通常会把准备好素烧或上釉烧制的作品放在标记好的架子上。"待烧制"的架子是用来放干透的坯。"待上釉烧制"的架子用来放已经素烧过和上好釉的，正在等待最后的烧制的作品。分开放置不容易出错。

一旦作品上釉并且进行了第二次烧制，你就可以拥有真正的陶瓷器皿。根据黏土的不同，最后的烧成温度可能在 04 号到 10 号测温锥之间。每种黏土都有不同的玻化点。玻化是一个术语，我们用它来描述烧制后的熔融和低孔隙率。想想陶土花盆和餐杯之间的区别，这些物体的密度大不相同。商业在售的黏土配制成低、中、高温烧成温度，使之可以在规定温度下实现玻化。对于功能性的器皿，大多数陶瓷达到它的玻化温度，在洗碗机和微波炉中也是可以安全使用的。不过，有些釉料和富含铁的瓷器会在微波炉中产生火花，所以要小心。如果你不确定使用哪一种特殊的黏土或釉料来制作功能性器皿，一定要向专业人士请教。

贾妮丝 · 贾基尔斯基 | 探索新的领域
Janice Jakielski

你是何时开始进行陶艺创作的？

我很幸运，很早就有一位中学美术老师把我带入陶瓷领域。他培养了我对陶艺的热爱，并把我介绍给了这个领域的一些名人，比如露西·瑞和乔治·奥尔。我在十四岁的时候就收到了丹尼尔·罗兹的《陶工的泥土与釉料》一书，还做了一个关于低温釉中铅替代物的科研项目，我对陶瓷化学也有着极大的兴趣。那些年我的美术老师向阿尔弗雷德大学输送了很多学生，也包括我。

你能介绍一下你是如何进行探索的吗？

我丈夫是一名陶瓷工程师，多年来，他会带回家各种工业用陶瓷部件的样品。我会沉迷于那些有着复杂的挤出图案的催化转化器、碳化硅板和铝管。总是有一个原因解释为什么这些特殊的陶瓷是陶瓷工作室艺术家无法企及的，通常是成本高昂、所用化学品的危险性，或者极高的烧成温度。有一天，他带了一块浆料流延的氧化铝到我的工作室，这是我必须要的材料。

流延是一种铸造工艺，用于制造陶瓷薄片，传统上用于微电子工业，如固体氧化物燃料电池和压电设备。我开始关注这一工艺，并利用我在不同的地方驻场的时间开始研发配方。我的目标是用任何黏土或釉料在典型的陶瓷工作室范围内创造一个安全的流延过程。一旦我把基本的东西都搞定了，我就让我的丈夫来帮我改进和完善这个过程。

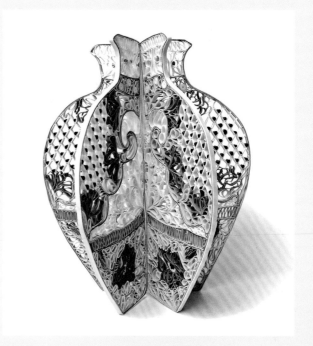

贾迪纳 \ Janice Jakielski \ 卷片流延成型

在实践中有没有什么工具特别有启发性？

由于流延成型的薄泥片在泥坯状态下是很容易弯曲的，而且不会变干，使用这种材料更像是使用纸而不是泥。我被当代纸艺术家们的惊人作品所鼓舞，如果不是尝试流延成型法，这可能是一个我不会探索的领域。我在很多工作中使用乙烯基切割机。我喜欢它的即时性。但我也做了不少传统的手工剪纸和冲模。我觉得这种新材料既令人兴奋又使人筋疲力尽，有太多的新途径需要去探索，还有很多研究要去完成。

你最喜欢使用的方法是什么？

一切：新鲜的，兴奋的，以及随之而来的大脑因不停运转带来疲惫感的一切方法。事实上，我知道我完成的每一件作品都会带来下一步的探索（如果不是更好的探索，那至少是教育性的）。

你用什么样的黏土？为什么？

我目前使用的是一种 6 号锥瓷土，我设计了它难以置信的半透明性和携带色彩的能力。不过，我不会拘泥于一种特定的黏土或烧成温度，我会根据需要做出改变以适应正在进行的创作。

开槽的茶杯 \ Janice Jakielski \ 流延成型法瓷片组合的三维茶杯

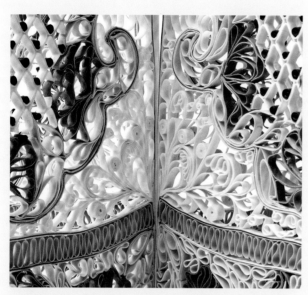

贾迪纳（细节）\ Janice Jakielski \ 卷片流延成型瓷器

蜜蜂瓷园合作 \ Janice Jakielski \
卷片流延成型
（我与蜜蜂合作，以花园为主题，为它们的蜂巢设计各种瓷质形态，我希望蜜蜂能完成我的设计）

所有图片由艺术家提供

干燥

现在你对黏土的状态有了一点了解，那么在工作的时候如何防止一块泥变干呢？在大多数工作室，一个简单的方法，用软塑料膜覆盖（推荐使用干洗店使用的那种塑料膜）。在露天而不是在塑料膜下面放置的时间越长，黏土越干。如果把一件作品放在工作室过夜，想在第二天或晚些时候进行创作，就应该用塑料膜覆盖它。

除了作品是否被塑料膜覆盖之外，影响作品干燥速度的最大因素是工作室的环境。我很幸运地生活在气候干燥的地方，如果不接触定向空气（如空调或风扇），作品往往会迅速而均匀地干燥。我喜欢干燥气候的原因是，当一个作品局部都准备好时，可以很容易地从一个转移到下一个的创作。不过，作品也有可能会干得太快。

如果生活在潮湿的环境中，作品可能需要一段时间来干燥。我发现，在高湿度环境下用塑料膜覆盖作品会使它们完全饱和，吸收冷凝水，使作品看起来比你第一次覆盖时更潮湿。如果你想让你的作品继续进行下去，则可能需要早点回到工作室去揭开它。

除了使用塑料膜和评估工作室的环境，也可能有其他选择来减缓或加快干燥过程。如果需要给作品补水或者在干燥的工作室里保持湿润，保湿箱是很好的选择。除了黏土干燥速率与预期稍有不同，使用保湿箱几乎没有风险（风险发生的概率取决于控湿箱的有效性）。

不过，在使用干燥箱时要格外小心。在潮湿的工作室里，它可能是一个非常有用的工具，但它也可能会毁了你的作品。设置一个计时器，并不断检查你的作品，更加保险。快速干燥会导致开裂和其他问题，所以最好让你的作品以正常的、缓慢的速度晾干。我们的目标是让作品在潮湿的情况下以匀速晾干。请参阅第35页，了解如何在极少数情况下使用火枪或热风枪来加速作品干燥。

在干燥过程中，还要考虑的是泥壁厚度。我喜欢把作品做得比较薄，除了节省黏土，薄壁还有助于缩短干燥时间。作品越厚，就越需要耐心等待更长的干燥时间。

一旦完成了一件作品，最后的干燥过程取决于环境和黏土自身。它可以暴露在定向空气中吗？总的来说，让作品慢慢干燥有助于减少在素烧前开裂或破裂的风险。

如果作品可以暴露在空气中，请在其上覆盖一些塑料膜或棉纱，以帮助它以均匀的速度干燥。此外，在整个干燥过程中，关注可能容易开裂的地方或严密贴合的地方（如有盖的罐子）。

选择合适的塑料膜

并非所有塑料袋都是一样的。事实上，我不怎么使用"塑料袋"这个词，因为学生们经常想到的是从杂货店买的小袋子或者黏土上包裹的袋子。这两种袋子都不适合包裹作品。这些购物袋不是密封的，它们透气性很好，作品在它们的覆盖下仍然会变干。显然，黏土袋也可以保持水分，但它们太硬了，很难在不夹带大量空气的情况下包裹作品。

这就是为什么我建议使用干洗店的塑料膜。它柔软且不透气，当纵向切割时，它会变成一个大的薄片，非常适合翻转泥板或包裹一整板的器皿。而且它是透明的，在公共工作室，你想在架子上快速找到作品，这是一个巨大的优点。轻薄、柔软、密封、透明的塑料膜是最佳的。

使用热风枪或火枪

这是火的诱惑！如果你已经有手工制作经验，会看到有人用丙烷火枪或热风枪来加速干燥他们的作品。使用火枪或热风枪是非常高效的，谨慎使用的话，每一个都是一个很好的工具。

我经常在塑形的早期阶段使用火枪，使得造型基础稳固，这样我就可以不间断地继续创作。以下是一些实践经验：

- 加热时，保持物体移动（最好放在转盘上转动）。
- 注意火焰或热风枪离坯体的距离。
- 加热后，让作品静置一会儿，使泥土中的水分平衡（水会迁移，让黏土蒸发一会儿）。

使用火枪或热风枪时，也有一些事情要避免：

- 不要加热易开裂的黏土或特别薄的作品。
- 不要加热将要进行粘连附件的表面。
- 不要加热接缝，它会容易开裂。
- 不要加热过多，因为加热的目的是尽可能均匀地干燥你的作品。
- 不要烫伤自己！我更喜欢一个带触发器的丙烷火枪，当放下时，可以自动关闭。热风枪似乎更安全。然而，一旦它们变热，就会保持一段时间的高温状态。我见过很多烫伤自己或烫坏别的东西的事故。总之，用火要小心！

正确做好快干工作

我发现了一种快速干燥的方法，它似乎比把作品留在干燥的房间里自然晾干要好。但是，这需要有自己的窑炉或得到工作室技术人员的许可。

在作品上覆塑料膜，松散地覆盖作品，但要确保从上到下覆盖整个作品（干洗袋非常适合于此，还因为大多数塑料袋都有一个用于挂衣架的孔）。现在，把它放在烘干箱里，或放在温度为 180～200°F（82～93℃）的窑里，保持足够多的时间来干燥。但是，不要将作品加热到沸水的温度，否则你的作品会爆裂。保持温度在 180～200°F（82～93℃），我建议最好以 1.5cm 壁厚大约一小时为标准的干燥时间。请注意，这只适用于难以均匀干燥的作品或需要延长干燥时间的作品。

欣赏

三个椭圆形 \ Nathan Craven \ 挤出成型

无题人物 \ Robert Brady \ 实心结构，还原烧成

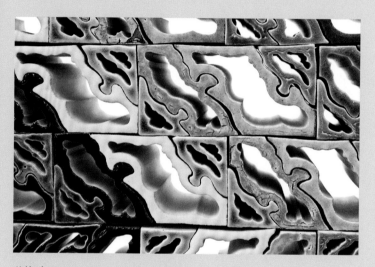

装饰砖 \ Nathan Craven \ 挤出成型

变形岩 \ Anne Currier \ 泥板成型

夜曲 \ Rain Harris \ 手工雕塑

橄榄槽 \ Lindsay Oesterritter \ 实心结构，还原烧成

日出之前 \ Heesoo Lee \ 泥条盘筑及手捏成型，附加原件

布卢姆菲尔德（细节）\ David Hicks \ 泥条盘筑及手捏成型，实心结构

纠缠的奇迹：相互关联的命运 \ Crystal Morey \ 泥条盘筑

花瓶 \ Shoko
Teruyama \ 泥
条盘筑及手捏
成型

走在碎片森林 \ Zemer Peled \ 组装

简单复杂的事实 \ Joanna Powell \ 混合媒材

头 \ Kensuke Yamada \ 泥条盘筑及手捏成型

瓮 \ Detorah Schwartzkopf \ 泥板成型，模板和模具

第二章
手捏成型和泥条盘筑

学习新技能的成败经常与学习的态度和方法有关。初学者往往会找到一种容易的方法，并坚持到底。这样做的缺点是，最终太多的想法都适用单一的成型方法实现。

我要求所有的学生在学习时保持开放的心态。在学习本章和第三章、第四章的方法时，也要保持开放的心态。设计这些教程旨在帮助学生学习新技能并加以改进。如果你尝试过一种方法，然后因为另一种方法来得更容易而放弃它，那没关系。但别忘了学习更难的技巧，以后再试一次。你可能会惊讶地发现，黏土塑形时积累的经验提高了手工技能。曾经困难的事情现在变得更简单了，它将为你的工作开辟新的道路。

本章的核心是大多数手工制造者首先要学习的两种技术：手捏器皿和泥条盘筑。当你练习的时候，注意创作时出现的任何转瞬即逝的想法，并把它们记下来。这个章节不仅被用来提升技能，而且应该成为记录未来作品的开始。技能和想法是相互交织在一起的，你越意识到这一点，你的经验就会积累得越丰富。

本章还穿插了一些泥板成型的主题，例如从作品中移除黏土、添加黏土以及修复裂缝。如果已经熟悉了手捏器皿和泥条盘筑，可考虑跳过部分内容。

手捏器皿

回忆小时候玩泥的经历，随便捏一个碗或是揉一个圆块或许很简单，但捏一个稍许复杂的造型就没那么简单了。手捏成型是最古老最原始的手工制作技法，非常容易上手，但也考验学习者对黏土的感知和控制力。

工具和材料

500g 黏土

基本工具包（第 23 页）

步骤指导

当你开始手捏作品时，重要的是从小处着手，在本节中，让我们先从一半泥球开始。把准备好的黏土平均分成两块泥球，取其一。一只手拿泥球，

把拇指按向中心，用另一只手的手指作为后盾，帮助把球塑造成一个小杯子状（图 A）。手掌和手指的支撑也有助于挤压泥球。

备注：在这个步骤中，你会发现，捏制的时候，从器物内部和外部施加压力会带来截然不同的结果。如果从内部施加更多压力，形状会变宽，很容易失去对形状的控制。来自外部的更多压力将保持泥土朝中间方向延伸（想想：向上和向内）。当制作这些简单的器型时，注意所施加的压力及其对形状的影响。

从器皿的底部，继续捏并塑形。以圆周的方式轻轻地围绕着这个形状，最终移动到顶部。可以试着施加不同的压力，但动作要缓慢，保持作品厚度均匀。慢慢地开始捏内壁；不要试图在一次成型中捏出所需的厚度，则可能会失去对形状的控制。

一旦达到所需的厚度和作品的整体形状，就可以用剩下的一块泥球制作第二件了。目标是使第二件与第一件作品完全相同，然后把二者拼合起来（图 B）。在我们这么做之前，先看看第一个器皿，如果它还不能完全达到标准的感觉，试着再做一次。这个练习会增强双手对泥的感知。

组合和晾干

手捏的小器皿可以很容易地组合成空心的形状。这种技法经常被用来制作小物件。首先，我们需要上一节中制作的两个完全相同的半圆，注意它们的厚度要一致。开始学习制作时，内壁厚一点更容易操作。

在把这两个部分组合成一个球体之前，用一个刮痕工具在两个边缘连接的地方划出划痕，然后拿刷子沾水润湿其中一个边缘（图C）。现在是时候把这两个部件连接起来了。在连接好之后，建议把它们放在一边。在清理接缝之前让它们粘牢固一些，此时泥仍然是可塑的，处理器物外表面的时候，体内的空气也会有一点阻力。这将有助于保持"膨胀"的形态。一旦作品不会因为手捏而轻易变形的时候，就可以清理接缝处了。

烧制前，把它放在一边慢慢晾干。多做一些这种空心球，因为练习得越多，你越能更好地掌握手捏器皿的技能。

备注：当完成后，最好用工具针在肉眼看着不显眼的地方戳一个洞。在烧制升温的过程中，如果内部的空气不能释放出来，作品可能会因膨胀的水蒸气的压力而破裂或爆炸。戳洞时泥坯不能太湿，因为粘在针头工具上的湿泥可能会在不经意间把洞堵住。还要考虑一下，当它被烧制时，它将如何放置在窑架上。需要为它做一个小底座吗？还是会侧放着？任何接触窑架的地方都不能有釉。融化的釉面会冷却，导致作品粘在棚板上，毁了作品和棚板。

去除和添加

完成一个器型主体之后，可以通过修坯和雕刻的方式（去除黏土）完善作品，还有增加把手、盖钮等附件的方式（添加黏土）完善器型。

用修坯或雕刻的方法剔除泥土被认为是一个做减法的过程，换言之，这是从这件作品上拿走一部分黏土。反之把更多的黏土粘到作品上是一个做加法的过程。我们将在下面分别讨论这两个过程。你会发现很多作品会同时使用这两种方法。

去除黏土（做减法）

去除黏土的过程需要耐心，因为在开始修坯或雕刻之前，你需要学会等待黏土达到合适的状态。试着从袋子里直接拿出一小块黏土，把它和一块暴露在空气中的时间足够长而变得半干状态的黏土做比较。使用的每种工具对湿黏土和半干状的黏土的效果都不同。

虽然修坯和雕刻听起来有点相似，但其实它们意味着不同的工艺。修坯最常用在杯子、碗和其他功能器皿上做底足。当给壶做底足时，必须考虑作品的视觉、重量和想要制作的底足的样子。你想让作品的视觉效果提升多少？壶底有多少面积应该接触到桌子的表面（图 A）？

修坯是一项不断发展的技能。学习和提高技能时，不要害怕毁坏器皿。底足是很值得研究的。看看别人做的碗或其他修过的东西的底部，多看多学。我们经常喜欢把作品翻转过来，以更好地观察

底足，有时会不小心把里面的东西倒出来。

　　不同于拉坯器型的修足，拉坯机修足是去除黏土的过程，手工成型的修足可以去除也可以添加黏土成足，同时手工成型的修足需要提前设计好，并且手部功夫更加稳定。

　　修坯的时候，黏土需要在适当的状态下，同时作品要足够厚以便可以修掉一些。在你做第一个器皿时，不要因为修破而担忧（许多人都有过这样的经历）。准备开始之前可翻到48页的马克杯项目，再看看第75页的图库寻找灵感。

　　雕刻经常是为了装饰或功能的目的而剔除部分黏土的过程。有时陶工在一件作品的表面雕刻（图B），有时他们直接在作品上做穿透雕刻。还可以用雕刻来提高器皿的表面与釉面的质感，在堆积的地方创造出凸起或凹陷。你可以雕刻壶的外部或内部，深雕或浅雕，甚至可以再用色泥填充，就像三岛的装饰技法一样（第172页）。雕刻工具经常

做一只鸟

　　捏制小动物是练习手捏成形和雕刻的有效又有趣的方式。鸟类是我最喜欢的创作对象之一，因为有太多的种类可供选择，并且在制作中非常有趣。找到你最喜欢的鸟的类型，看图片，看实物。

　　先做一个空心的身体，用手捏的方法做翅膀，再用打毛然后粘连的方法把脚粘到身体上。大胆尝试。需要强调的是身体不可以做成实心的，连接各部分之后也要避免出现大块的实心部分，不然后期烧制可能爆裂。多做几只，看看你能做出多少种形态各异的鸟。把它们烧制出来，同时用来实践不同的釉上和釉下工艺。

因人而异，有创作者自身的独特性，当然随着工艺的进步雕刻工具也变得越来越精益求精。有关雕刻的更多信息，请参阅第 166 页。

添加黏土（做加法）

当考虑添加黏土的工艺时，首先想到的是在一件作品中加把手、盖钮和一些装饰元素。但还有更多的选择，如在烧制之前，可以添加一些非泥土元素，比如镍铬合金丝，也可以在素烧过后添加烧过的黏土或非黏土材料。

添加黏土的过程是产生一个奇思妙想的契机。你可以做很多奇怪的、装饰性的、有趣的、好玩的东西，看看哪种方式可以运用到作品中。另一方面，成功地添加黏土到作品里通常需要规划，在过程中，你需要在正确的时间添加，当然在制定计划的同时，也可以给自己一些即兴发挥的余地。

湿接法： 把手和盖钮是手工制造的附件中最常见的（图 C）。几乎任何形状的把手和盖钮都可以用黏土制成，仅受限于你的想象。关于制作把手的更多信息可以在 48 页的马克杯专题中找到。

备注： 关于盖钮，我唯一要说明的一点是要让它们发挥作用。尽管盖钮在装饰上有巨大的潜力，但它的关键在于能够将器皿的盖掀开。所以，当你的创造力集中在探索盖钮的审美个性时，别忽视了它的功能性。

其他的附件也涵盖了从功能性器皿到观赏性的雕塑作品。如一些从事功能性作品的陶艺家为他们的器皿制作分离的足，雕塑家给作品头部装一个耳朵。不管在作品上附加了什么，这里有一些建议：

确保你添加到器皿上的黏土和原来器皿的干湿度状态非常相似。如果你把非常软的黏土粘连到半干坯体的干面上，你就增加了它们在不同速率下干燥时开裂的概率。

在连接附件时，应充分打毛并使用泥浆或者水（图D）。我主要是用水而不是泥浆，通常不会有太多问题，在手边放一把刷子和一个装满水的小量杯。如果使用的是特殊的黏土或者担心连接不上，那么使用泥浆是个好主意。只需确保泥浆是由创作中使用的相同黏土制成的。

备注：最好的制作泥浆的方法是取一些黏土，让它完全干透（特别干），用擀泥杖将其压碎，放入可密封的塑料容器中加水。黏土应该很容易溶解开，你可以通过添加水或蒸发水来调整含水量。

多制作几个零部件，比如盖钮或者足，以防止在试图连接时弄坏其中一个。如果你不确定哪一个最适合你的作品，你也可以做一些不同尺寸的。

固定大型的附件，可能需要考虑一个支撑体系，以便在附件干燥时将其固定到位，也称为支撑骨架。当制作小部件的时候，你可以即兴制作一些支撑架。堆叠的海绵或絮状的报纸（用一些胶带固定住）可以作为很好的临时支撑。要记住一定要在烧制前把支架取下来。

连接非黏土类或烧制后的附件：这是一种用混合媒质的方法来给作品添加装饰元素。如用环氧树脂把一个金属盖钮或把手连接到烧成的壶上就是一个很好的例子。

这本书不会深入探讨这个话题，因为选择真的是无止境的。但是，如果制作功能性器皿，一定要确保使用的是无毒材料。在微波炉中的杯子或洗碗机中的砂锅，黏合剂会随着时间的推移而分解。在烧制后连接非陶瓷元件时要注意潜在的危险。

多学习借鉴，不要害怕向陶艺家请教，了解他们是如何将非传统材料添加到自己的项目中的。尊重他们的工作和时间，并且做好你可能偶尔会得到"不"或根本没有回应的准备。但是他们的经验是经过多年的努力和试验而积累起来的，值得你等待。陶艺家是一个友好的群体，许多人愿意分享他们的个人技巧和创作过程。

捏马克杯

我们已经学习了去除和添加黏土的方式，那么让我们开始手捏器皿的教程：手捏一个马克杯。它可以让你同时练习刚学的两种方法。杯子看起来虽然是一种基本的形状，但它也是一件值得挑战的器型。许多陶艺师一次又一次地练习基本的形状，随着技能的增长，不断地进行优化调整。马克杯也是用来练习制作和装饰的绝佳器皿。它们不是太大、太耗时间，但是你仍然可以从制作、装饰、上釉的过程中得到很多经验。如果你在决定杯子的尺寸时遇到困难，可以问问自己：想用杯子喝什么？

工具和材料

500g 黏土

基本工具包（第 23 页）

制作方法

对于这个教程，建议直接在转盘上进行，这将有助于保持外形接近圆形。但也可以在坯板上进行创作。

先把泥块揉成一个球形，然后把球放在转盘的中心。轻拍泥块让它紧贴在转盘上，但不要把它压平。用刮片塑出杯底、杯身的圆形或方形（图 A）。

把大拇指压到泥土的中心，其他手指作为杯

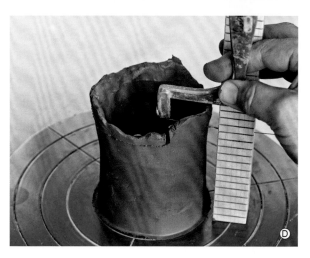

子外部的支撑，以确保它不会超出所要的直径范围（图 B）。从这里开始的目标是慢慢地向上挤压泥土。用外面的手指确保坯体向上延伸，而不是向外伸展（图 C）。一圈一圈地继续捏，小心不要捏得太快或太深。慢慢地多捏几下就能让杯子保持平整。记住，杯壁从底部到顶部要厚度一致。用木刀或刮片使杯子表面光滑并塑形。

一旦已经达到了泥土承受自身重量的限度，并且杯子已经达到了你所要达到的高度，那么就可以把上端切下来，使杯口变平整。找到杯口的最低点，用弓形割泥器和量尺或直尺把顶部切下

来（图 D）。现在用你自己的方法完成杯口部位。这里我是以稍微向中间倾斜的方式轻轻地捏杯口，然后用麂皮或软海绵来平滑粗糙的边缘。通过切割形成的硬边仍被保留下来。

现在需要把杯子从转盘上切下来，做杯足。把一根割线放在杯子后面底部的位置，然后拉紧割线。用手指将金属线紧贴在转盘的表面，然后朝自己的方向拖动金属丝，使金属线从杯子底部通过。为了完成杯子的底部，可以修整、轻拍或揉出各种式样的足。请继续阅读以下两个最受欢迎的选项。

足

平底足：如果杯子底部的厚度与杯子的壁厚相似，就可以做一个平底足。如果它更厚，就需要去除一些泥来做平底的足，或者做一个修整过的足（如圈足）。完成一个平底足，用手掌轻轻地敲打杯子底部的中心，用湿润的手指，轻轻地沿外缘向上打圈。当你觉得杯底达到要求的时候就停下来（图 E）。

修整足部：杯子的足可以有很多样式，但可能最流行的还是圈足。如果想做这种风格的足，就

把杯子倒过来放在转盘上。用一个工具针在杯子底部标记一个圆圈，标明做足的时候这里的泥需要去除（图 F）。使用修坯刀，轻轻地挖出并清除泥，直到达到所需深度（图 G）。我倾向于把底部留下的泥去掉一半；如果可以，试着一次性挖好。之后，可以平整所有锋利的边缘，用手指抹平它们（图 H）。或者可以用一个修坯工具去除杯子底边外围的棱角，这会让杯子放在桌面上时有一点视觉上的提升感。

把手

杯子和马克杯有什么区别？如果你说区别在"把手"，那就答对了！把手看起来很简单，但我花了十年的时间才找到自己创作风格的把手。在那些年里，我尝试了很多技巧，但都没有成功，直到我看到一个同样的陶艺家演示如何捏一个把手：把手两头都是宽的，中间粗的，边缘薄的；在横截面上，手柄看起来像钻石。当看到这个的时候，我的灵感仿佛被激发了。

把手的制作比想象中要复杂，要想找到一种适合的方法，需要进行大量练习。每当学生们告诉我他们讨厌做把手，我的反应就是告诉他们多做一些。如果你讨厌这个过程，又怎么能做出一件让自己赏心悦目的东西呢？试着把制作的挑战看成是一次冒险！我保证你创作的把手样式越丰富，你就越接近找到属于你特殊风格的把手。

让我们看看一些可能的把手选项。无论选择哪种风格，记住一个好的把手的标志是它与杯子的搭配协调，以及它握起来比较舒服。制作好把手后，请参阅第 46 页，了解更多有关连接把手的信息。等把手稍微晾干一些，就可以把一个半干的把手连接到一个半干的马克杯上。

手捏成型：手捏的方式可以得到任何想要的形状。如果你还想要一个有手印、纹路和其他装饰的把手时，手捏就是最好的选择（图 I）。

擀泥 / 泥条成型：用把泥条放在桌面上，用轻拍来改变形状，把一端滚得更薄，或增加纹理。泥条做成的把手会很有个性。

拉制把手：轻轻地拉泥块，根据需要用水润湿，直到形状和厚度与自己的杯子相匹配（图 J）。但你也可以用其他方式来拉把手。可以先把泥条预捏成我所说的"空白把手"，基本上是一个接近成品形状的把手，然后用拉的方式去完成。多拉制几个把手，放在一边，让它们慢慢变干。这样可以进行选择，选出一个最好的。

吉赛尔·希克斯 | 泥条盘筑和手捏成型
Giselle Hicks

你是何时开始进行陶艺创作的?

我已经从事陶艺创作18年了。我获得了锡拉丘兹大学陶瓷学学士学位和阿尔弗雷德大学纽约州立陶瓷学院硕士学位。我选择陶瓷专业有几个原因。其一是我被陶瓷蕴藏的丰富历史迷住了,世界上任何地方都有陶瓷传统,所以陶瓷是我了解不同地区、不同民族文化历史的一种方式。我想我永远不会厌倦使用这种材料,因为在历史知识、技术和概念上有这么多东西要学。其二我还喜欢陶艺师之间的共享,他们喜欢一起聚餐,谈论食物,围坐在桌子旁,分享工作室空间、设备和配方。最后,我记得我的本科教授和他的妻子总是邀请学生去他们家里吃饭和欣赏他们的藏品。那是我第一次感受到住在满是手工制品的房子里的奇妙感觉。他们家里的一切都有故事,我喜欢这样的生活方式。我想从事陶艺工作是一个整体的选择——我喜欢它的材料、创作的人、它的历史和它带来的生活方式。

你能简单地描述一下为什么你被手捏和泥条盘筑的创作方式吸引么?

在我的工作和工作室练习中,我一直在寻找一种特殊的情感表达,它能反映一种轻松和简单的感觉。但是长期以来,我的工作和流程相当复杂,涉及很多步骤、工艺、知识和材料。当我完成一件作品时,经常感到劳累和紧张。

当我开始制作手捏器皿时,可以缓解其他工作的挫败感。我想用一种尽可能简单和直接的方式来

套瓶 \ Giselle Hicks \ 泥条盘筑和手捏成型

制作一些东西,而泥条盘筑和手捏成型是基本的技法,这是毋庸置疑的。我会使用尽可能少的工具,这样就只剩下我的手和泥了。我的目标是创建探索体积、比例、形态、形状和颜色的各种形式。过去和现在我始终寻找的作品的特征是:慷慨、稳定、缓慢、柔软、简单和美丽。

瓶子 \ Giselle hicks \ 泥条盘筑和手捏成型

是什么吸引你去探索日常生活用品？你想在美学、情感或设计方面达到什么目标？

我在创作过程中受到启发，以三维的形式捕捉生活中的美丽和短暂的感觉，把那些短暂而无形的东西变得切实、静止、永恒，比如一个人的特征或感觉，爱人之间的交流，或是与家人和朋友分享的一顿丰盛的晚餐。我在这些日常事物中发现了美，这些事物常常是在家庭氛围中发生的，我想保持它们并赋予它们形式。虽然这些时刻是无形的，但它们标记着我们，成为生活的一部分。

你使用哪种黏土？为什么？

我使用任何便宜的、可以随处买到的黏土。现在我用的是回收的陶泥，还用过六号锥白陶泥、瓷泥等。陶泥是我最喜欢用的创作材料，当它成型以后，我使用一个釉打底并用电窑烧制 6 号锥温度。

在你的制作过程中你得到了什么重要的经验教训？

做自己喜欢的，做自己想要的，做让自己开心的创作。我一直是为自己制作这个作品，并从来没有真正认为它"足够"去展示或作为一个作品去销售。游客们会进到我的工作室，跟我攀谈做手捏器皿的缘由。当我谈得越多，我越意识到有时来自外界的认可对我真的很有帮助。当我发现，我喜欢做的作品能和其他人产生共鸣时，烦恼也减少了很多。

折线形花瓶 \ Giselle Hicks \ 泥条盘筑和手捏成型

柠檬篮 \ Giselle Hicks \ 泥条盘筑和手捏成型

带把手的篮子 \ Giselle Hicks \ 泥条盘筑和手捏成型

奥维德 \ Giselle Hicks \ 泥条盘筑和手捏成型

泥条盘筑花瓶

泥条盘筑是一种古老的技术，也是在很难对黏土进行拉坯操作的时候使用的方法。时至今日，泥条盘筑是最通用、最受欢迎的手工成型方法之一，也是我最喜欢的手作方法之一。

不论是经典还是复杂的方式，你会发现泥条盘筑是一个快速而简单的成型方法。不过，想成为一个熟练的泥条盘筑者并不是一夜之间的事。这需要耐心和实践。在这一节中，我将介绍制作泥条盘筑成型器皿的基础知识，从圆泥片开始，再到对照一个样品进行盘筑。

进行泥条盘筑时，首先要清楚地知道想要做什么，这对你的成功至关重要。在你做了一个像这里展示的花瓶一样的器形之后，尝试一些新的东西。找一个你喜欢的器皿的图像，或者画一个感兴趣的器型。把照片放在手边，这样你在制作器皿时可以参考。打印或绘制参考图像后，下一步将是决定你的作品尺寸有多大，并在网格纸上绘制图像，以便知道如何一步一步地继续盘筑你的作品。我建议从中等尺寸的物体开始（如25～40cm高，不超过12～20cm宽），因为更小或更大的物体会带来更多的挑战。

工具和材料

2 000～3 000g 黏土

基本工具套装（第23页）

方法指导

从制作花瓶的底部开始。用一块足够大的泥来制作花瓶的足（大约300g），把它做成一个球，放在转盘的中心。用拳头轻轻地把泥土按压下去，转动转盘，使泥均匀地分布在所需的圆周上

（图 A）。一旦泥土接近所需的厚度，约 0.7cm，使用塑料刮片抹平拳头的痕迹。这一步的目标是做一个平整均匀的圆泥片作为底部，不能有突起或者细小的痕迹。如果外缘有点薄，不用担心。我将在下一步解决这个问题。

备注：如果你注意到泥片现在粘在转盘表面，不要担心。这很好，让泥土居中并粘住，将有助于之后的操作。

旋转转盘，稳住你的手，用一个针形工具轻轻地触到板上，使之留下一个圆形的印记（图 B）。当转盘减速时，只需将工具拿起，再次旋转，并把针放到之前的标记处。多试几次，就可以得到一个自然的圆形，最后能在转盘的中心留下一道平滑的

盘底。如果你在找中心和画圆方面需要帮助，可以参照转盘上的圆圈。

让我们开始盘泥条。对于制作泥条，你可以在以下三种主要方法中进行选择：

我比较喜欢的方法是用割线从袋子里切黏土（不要用手抓它），然后用双手把泥捏成一根泥条。我发现这种方法对我来说是最自然最方便的，当我制作泥条时，泥条不会变干；它们与我正在制作的器皿能保持着相同的状态（图 C、D）。

如果你有机会使用泥条机，可以使用这个专用的工具为作品制造出完全均匀的泥条。一定要把泥条放在塑料膜内，并把它们包裹起来，以保持它们的水分含量（有时塑料膜上会起雾）。

另一种方法是在桌面上搓泥条。要获得一致厚度的泥条需要一些练习。但是需要注意，水分会渗

出表面从而降低泥的可塑性，并且可能更难塑造。用这种方法制作的泥条需要尽快使用。如果在盘筑作品之前你做了很多泥条，请将泥条包装在塑料或放在保湿盒中（图 E、F）。

要将第一根泥条连接到花瓶底上之前，请使用划痕工具在泥片的外圈边缘进行打毛处理，或者直接在泥条的底部进行打毛操作，意思就是打毛要粘连的部位，然后弄湿泥片。将泥条向下压到泥片上，形成底部稍宽、顶部稍窄的形状。手和手指会自然而然地捏造出一个形状，一种锥形的三角形，底部更宽，以确保完全地连接到花瓶的底座上（图 G）。

当泥条连接到底座上，成形步骤就开始了。使用有角的刮片，加强内部连接同时做出一个平整的角（图 H）。当你加固这处连接点和将要连接的地方时，确保用另一只手支撑作品。比如，如果用右

手在里面加固，左手就应该放在外面作为后盾，反之亦然。这将有助于测量施加的压力大小，并确保瓶壁的厚度，进而帮助塑造形状。

下一步是加固泥条的外部。把注意力集中在连接处，确保接缝消失。我倾向于把内部和外部分为三个阶段，处理总体形状和壁厚，只在最后一次处理时确定最终形状。在这时，要注意的是瓶壁的厚度以及作品的形状是否符合预期，在将器型调整到需要的形状之前，不要去盘下一根泥条。

继续盘泥条时，手握住泥条，用左手拇指将泥条压在内壁上（跟转盘位置反方向的内壁），其他手指支撑着外壁（图 I）。不要将泥条整个绕在瓶口上再向下挤压。泥条自身的重量会使已完成的器型变形。一旦新的一根泥条被盘筑上，内部和外部都要像以前一样加固。这样做的目的是确保连接牢固、壁厚一致，花瓶与预期的形状接近。当你在内壁加固和塑形时，可使花瓶变宽（图 J）。当你在外壁加固和塑形时，可保持花瓶向上和向内（图 K）。如果你发现花瓶在盘了几圈泥条之后偏离了预期，可以考虑用切口的方法来处理（见第 61 页）。

备注：随着花瓶越来越高，可能需要用一把木刀在里面加固（用手可能不太灵活或者手太大而无法伸进里面），或使用任何其他可用的工具，记住不论哪种工具时刻提醒自己，花瓶是需要缩小还是加宽。

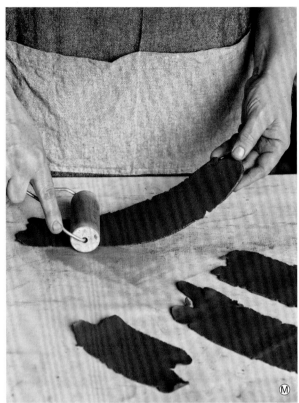

还有一些额外的注意事项：瓶口、瓶足、把手等其他元素。这些元素中的每一个都可以显著地改变器型。下面我们直接到收口环节，但你也可以在本书的其他项目和图库中看到更多器型变化的参考。

收口的第一步是使瓶口变平滑。最简单的平整圆形瓶口的方法是慢慢转动转盘，用小刀或弓形切割器在瓶口最低点处切割边缘（图 L）。

备注： 如果你不能稳住手臂，把你的手臂固定在桌子上或靠在你的身体上，支撑住拿着切割工具的手。这可以提高手的稳定性，帮助你切割得更均匀。

如何把瓶口边缘做得更加完善？有很多可行方法。我的经典方法之一是添加一条薄薄的泥片，我称之为小短裙。如果你想做同样的尝试，先做一根泥条，把它展平，直到它大约有 0.7cm 厚。如果符合你的审美观，它可以有轻微的不均匀或开裂（图 M）。我把花瓶的顶边 3 ~ 4cm 处打毛，把泥片也进行打毛，然后用湿刷子刷一下。现在把泥片贴到花瓶的刻痕部分，稍微超过顶部边缘，施加压力，将它们粘连在一起（图 N）。粘好泥片后，轻轻地捏一捏，以确保泥片的外观和瓶身一致。

用弓形切割器，以 45° 角从内部顶部边缘切割，形成锐利的顶部边缘和平滑的小斜面，在顶部切出干净的线条（图 O）。蘸湿手指去平滑瓶口

切口

切口是一种可以在很大程度上节省时间并且很容易帮助控制器皿器形的好方式。

做切口的时候，先用锋利的工具在泥壁表面切一个 V 形，然后把 V 形的两边合并并连接（图①）。如果黏土是软的，就不需要打毛和加水，用一根刮片就可加固接口处。一般需要多做几个切口，如 2~4 个，围绕作品一圈才能保持对称和均匀（图②）。

关于切口的几点注意事项：

软的黏土状态用来切口最佳，一旦黏土已经硬到半干状态，就很难重塑形状。

切口尽量切得小一点。V 形切得越大，瓶身黏土方向的变化就越大。另外，把一小块黏土移除比试着填补一个大的缺口要容易得多。

切口也可以是一种非对称形状塑型的方法。可以尝试着只在作品的一侧切口，看看成型效果。

①

②

边缘。在边缘轻轻地沿瓶壁的外侧滚动，多进行几次，并在必要时湿润手指，以方便在泥壁口上滑行。

一旦完成了瓶口，是时候把花瓶从转盘上取下来了。在一个公共工作室里，你可能需要及时把它取下来，因为其他人还需要使用转盘。

要搬移花瓶，我建议使用大头针工具或手工刀在花瓶与转盘连接的地方留下印记。这将引导割泥线，并有助于确保切割准确。把割泥线放在花瓶后面，保持金属丝非常紧绷的状态，紧贴着转盘，慢慢地把金属丝拉向自己，从转盘上切下花瓶。如果花瓶底很厚，可以参考50页修整足底。如果底不厚（不足0.6cm），那就做平底足，把底圈外缘向外翻，类似花瓶的瓶口卷边。最后成品图见55页。

备注： 不要等到花瓶足干了才把它从转盘上取下来。一旦干了，黏土就很难被切割，切割花瓶的风险也会更高，花瓶一旦意外地从转盘上脱落，将导致彻底失败！

制作方底的器皿

我们刚刚学会了用泥条盘筑圆形器皿，现在让我们看看如何将泥条应用于其他形状。当你想要制作一个正方形底的或者任何有直角的器型时，有几个关键的区别。

对于底座，与其用泥板拍打得到，不如从一块已经足够大、足以覆盖器皿底座区域的软泥板开始。有关软泥板的更多信息，请参阅第80页，有关模板的信息，请参阅第87页，然后返回此处继续。

使用模板或用标尺自行绘制方形底座，它应该比你理想的成品尺寸稍大一点。用针形工具或手工刀从泥板上切下底座，让泥板干燥至软的半干状态或半干状态，然后转移到一个有报纸垫着的坯板上。在转移之前，要轻轻地沿着泥板的边缘以垂直的角度用刮片进行修整，但不能扭曲泥板。

现在，按照上一课盘筑方法连接泥条。在开始连接前，确保第一根泥条足够长以环绕泥板底座一圈。

备注： 不要从拐角处连接泥条，而要在中间部分开始盘泥条，即在拐角与拐角的中间。所有的泥条盘筑时都应该这样，这有助于防止拐角处出现裂缝。这也是方形器皿的缺点之一，拐角处容易开裂。需要在泥坯制作时就注意防范这个问题。

当你做一个方形的器皿时，主要需考虑在制作中保持拐角处的完整。所以，无论想做出什么样的棱角，都要注意拐角。用手指做后盾，这样就可以塑造器皿壁，加固拐角处，边做边按压。边角的厚度应与器皿壁的其余部分一致，如果它们太薄或太厚，都会导致烧制时开裂。同时检查器皿的整体形状，它是向上和向内逐渐变细（比如有盖的盒子），还是向外张开（比如盘子或砂锅）。从盘第一根泥条开始，就要考虑下一根泥条的走势。

当切割一个方形的口沿时，我使用切割/测量棒和一个弓形割泥器来帮助均匀地切割各个侧面。也可以试着用尺子测量物体周围相同的高度，然后用一把锋利的小刀沿着准线切割。在你试着割几次口沿之后，可能会像我一样，变得很擅长切割。无论你选择哪种方法，都要将作品制作得比预期的高度再高一点。我制作方形器皿时会制作比预期高出2~3cm。

修复裂缝

为什么会出现裂缝？这可能是因为使用的黏土容易开裂，也可能由于在制作过程中处理黏土的方式不当。是不是有水在器皿里停留过长的时间？是不是在干了的坯上添加了新泥？当两块处于不同干湿度状态的黏土连接时，就有可能开裂。

正如你所看到的，有很多原因会导致开裂。随着经验的积累，你将学会辨识开裂的原因。如果一开始就有很多裂缝，也不要绝望！你的技能越强，就越不容易出现裂缝。在我讨论修复裂缝之前，想和大家分享一个经验：不要花太多时间修复裂缝作品。因为一旦一个裂缝出现，你可能不得不在剩下的程序中反复处理这个裂缝，最后作品被烧制完成，这个裂缝仍然存在。所以要确保附件很好地粘连在一起：打毛、湿润、按压，不出现裂缝才是最好的状态。当裂缝出现时，不要惊慌，有几个修复方法可供选择。相比修复一个作品所花费的时间，有时候重新开始反而是更好的主意。

修复软的或半干的素坯

素坯状态是发现裂痕并阻止其发展的最佳时期。我建议一边制作一边修复一些开裂和结构问题，因为裂缝通常会在结构薄弱点上出现。例如，在两根泥条相接的地方或两块泥板相接的地方通常最容易出现裂缝。裂缝可能会在制作过程中立即出现，也可能会在压力增加时出现，如泥条和泥条之间的接缝，坯体的边缘等。当作品干了以后，这些脆弱区域都容易出现裂缝。

半干状态和软半干状态是在坯体开裂变成一个更加严重的问题之前，修复裂缝和器皿薄弱点的最佳时刻。虽然这看起来有悖常理，但补救正在开裂的裂缝的最好方法就是把裂缝剖开。正如我在别处提到的，裂缝有记忆力。所以，为了消除对裂缝的记忆，在有问题的区域划出更大的范围，打毛，添加新的干湿状态一致的泥片，按压，刮片刮平整（图 A、B、C、D）。在大多数情况下，这种方法可以修复裂缝，当然这取决于开裂黏土的干燥程度。

修复了一个裂缝之后，如果黏土仍然很脆弱，可以用塑料包裹作品，让它的湿度水平达到平衡。不过，任何时候都要谨慎地往裂缝里加水，水会使裂缝膨胀并导致裂缝扩展，而不是像你所希望的那样消除它。如果可能的话，不要在裂缝中加水，而是用湿泥土代替。

以下是一些可能会遇到裂缝的具体情况，以及我的一些建议：

当你第一次学习使用刮片来塑造均匀的器皿壁时，泥条盘筑的器皿往往会产生较薄的地方，一旦发现这些地方，就应该用额外的黏土支撑起来，以防止坍塌和开裂。

当你做泥条盘筑的器皿时，还要注意最初的

连接（泥条与底座、泥条与泥条之间）处。当黏土太干时，或者把一个刚做好的湿泥条连接到一个半干的坯体上时，就会很难进行连接。确保干湿度一致，刮出划痕，连接正确且完全按压过，将有助于最大限度地减少潜在的开裂可能。

硬泥板（见118页）最容易在接缝处开裂。一开始连接时很好地进行打毛，并使用少量的水或泥浆将有助于更好更坚实地连接接缝处。

作品的口沿或边缘也可能是一个问题区域。我见过很多罐子从上到下开裂。为避免这种现象，要确保作品顶部能有一个适当的厚度，此外，必要时可以用一根小泥条或使用麂皮（一个拧干的海绵或一个薄的塑料条也可以）来按压口沿，迅速排除任何可能形成的裂缝。

修复干透的器皿

坯体处于干透阶段的处理机会是很有限的，所以不要浪费太多时间去修复。如果有一个结构性的裂缝，比如两个器皿壁相交的拐角处，它会在烧制后变成一个更大的裂缝。如果在最后的干燥过程中出现了一些小的裂缝，最好在素烧阶段前修复它。

在这个时候，如果试图修复裂缝，加水、湿泥浆或湿黏土都是错误的。这将导致更大的裂缝或新的脱落，留下更多的问题。一般来说，湿黏土不能粘在干黏土上。相反，我建议尝试用纸浆土修补小裂缝。要做到这一点，要用作品的黏土制作一点

点很稠的泥浆，再在另一个容器里，放入一团卫生纸，让它静置，直到纸分解成浆状。你可以用浸入式搅拌机来加速这个过程。拧出少量的纸浆（不需要额外的水），加入泥浆中，然后搅拌均匀。不要加太多的水，让泥浆变干，这样就到达了一个黏性腻子的稠度。然后小心地划开裂缝，加一些划痕，在刻痕区域添加一点水，以产生一点粗糙度和黏性，然后用准备好的泥浆填充裂缝。烧制前检查修复情况。如果需要的话，重复该过程。

修复素烧坯

如果在素烧后出现一个裂缝，或者有一个小裂缝在素烧过程中没有增长多少，那么你现在需要修复素烧坯。如果裂缝非常非常小，可以用釉料填充来隐藏它。但是釉面烧制温度比素烧温度高，所以裂纹很有可能继续扩大。

对于需要填充的裂缝，我发现使用商业修复解决方案（如阿莫科素烧修复剂和布雷修补剂）是最好的选择。它们的配方各不相同，但大多数是纸浆土和硅酸钠的混合物，可以按照产品附带的说明操作。

切记，不要在失败的原因上浪费宝贵的时间。如果你发现自己在制作中反复出现裂缝，退一步，问问自己一些关于制作方法的问题。看看能不能找出一些常见的问题。如果毫无头绪，及时请教经验丰富的老师、导师或技术人员，或许能给你一些有用的建议。

莉莉·扎克罗
Lilly Zuckerman | 手捏成型

你是怎么开始陶艺创作的？

我很幸运，我的公立高中有一个庞大且繁荣的艺术系。我的高中陶瓷老师允许我放学后不受限地进入工作室，那时我就开始试着拉坯，做一些容器和一些手工制品。

是什么让你发现了你所使用的成型方法？

当我在宾夕法尼亚州立大学和克里斯·斯特利和莉斯·夸肯布什一起获得文学学士学位时，被要求使用拉坯和手工成型技法进行创作。我选择了手工制作，因为我喜欢它缓慢而又有条不紊的工作状态。莉斯·夸肯布什则是进行拉坯项目，我们使用泥条、泥板和雕刻的实心黏土块去制作相同的物体。令人难以置信的是，当它们烧成后，每种方法都以微妙的方式赋予了作品不同的感觉和质感。正是从这项作业中，我决定将实心泥板上捏塑成型作为我的方法。

你能分享一下你设计和改进作品的过程吗？

我没有在制作过程中加入很多二维绘画练习，用铅笔做得最多的描绘是画一个鸟瞰图的边缘线。我感兴趣的是如何将直线和曲线结合起来，以达到相互平衡或创造虚拟平衡的对称。我的大部分设计初稿都是用约 500g 重的泥团完成的。我准备了 20 到 30 个，每个泥团只需要捏一两分钟，这样刚刚好。在这个三维草图练习的最后，我还有一些可以优化的模型：把最好的两个作品组合起来。这种组

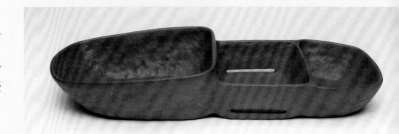

图 1 \ Lilly Zuckerman \ 手捏成型

图 2 \ Lilly Zuckerman \ 手捏成型

合创作会有意想不到的效果，这个练习让我可以进行头脑风暴。

现在准备做一个作品：我喜欢非常软的可塑性强的黏土，先把黏土制成一块 5~7cm 厚的泥板，它的大概厚度接近我的整体设计。把这块泥板放在一大块放有 2cm 厚的硬泡沫塑料的坯板上，然后把这块板放在转盘上。泡沫塑料让我可以在泥板下

图 3 \ Lilly Zuckerman \ 手捏成型

图 4 \ Lilly Zuckerman \ 手捏成型

进行手捏操作,转盘让我不断从不同角度重新审视器型。切割好外部轮廓,就开始捏内壁。对我来说只使用同一块黏土是非常重要的,如果我修整了器皿壁的高度,我会把多出的黏土重新添加到其他部位。有时我还会切割出开口或制作水平边缘。这项工作受到摩洛哥考察之旅的影响,在那里,土坯建筑和传统无釉陶器烹饪锅给了我启发。我一直认为手捏器型是模仿建筑的结构,所以我使用了建筑的语言。

在器皿壁被捏塑到均匀的厚度后,修整并优化这些边缘。当作品干燥到硬的半干状态时,我用泡沫做支撑,把它翻过来,使用一个刮片工具,优化底部使之变平。再把作品翻过来,把棉布铺在包裹作品的塑料膜下面,让它干燥到很坚硬的程度。棉布有助于缓慢吸收水分,防止水分"滴落"在作品上。最后,用一种稀释的透明釉料喷在这件作品上,然后在一个电窑里把作品烧到 04 号测温锥的温度。

你最喜欢的方法是什么?

我真的很喜欢手捏成型。我很喜欢用黏土记录

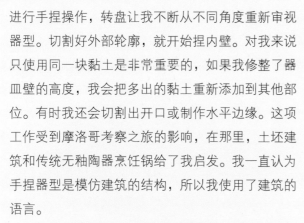

我们如何触摸并改变它的方式。对我来说手是最直接的与黏土互动的,坯体上会留下指纹,这无疑是最好印记。我喜欢捏的动作,要慢而有条理,这样可以随时改变方向或轴心,每一步都被记录在作品上。

在这个过程中,您面临哪些技术挑战?

开裂和变形是我的主要技术挑战。黏土有记忆,在烧制时可以回到原来的形态或变形,所以保持直线是很困难的。经过多次反复试验,我想出了如何手捏器皿壁,使其保持曲线或以我希望的方式回到直线。

在创作过程中你得到了什么重要的经验教训?

创作过程中每天都教会我要耐心——无论是多年来在了解黏土或釉料配方的反复试验中,还是在制作、干燥或烧制的技术陷阱中。黏土也教会了我如何处理和照顾它们,并接受它们的脆弱性,因为陶瓷是很容易破碎的。

泥条盘筑方盒

虽然做碗比做盒子容易，但我还是忍不住要做盒子。盒子是最初把我吸引到手工制作上来的原因之一。在疑惑如何成功制作一个功能盒并探索它的各种用途时，我心里会有一点满足感。从小的小饰品盒到大的储物盒，都很让我着迷。

工具和材料

1 500～2 000g 黏土制备如下：

　　泥板1：12×20×0.7（cm），作为底座

　　泥板2：12×20×0.7（cm），作盖子

另外的黏土用于泥条盘筑

模板（第195页）

基本工具套装（第23页）

砂纸（可选）

除了灵感和想象，在制作盒子时，有两方面很重要：成型方式和盖子类型。本节讨论的盒子使用了泥条盘筑法和一个嵌入的盖子，而第120页上的盒子是用泥板成型，配一种有边缘的盖子。试试这两种方法，看看你喜欢哪一种，然后还可以随意混合搭配成型技术和盖子类型。

要小心开裂。当你在挑战黏土的极限或者在错误的黏土状态下工作，制作的盒子就会马上出现问题。如果可能的话，试着在一天之内做好盒子的全部。如果不能一次完成，把零件包好或者放在保湿箱里。

制作方法

使用模板作为参照，从准备好的泥板上切下一个长方形底座。然后开始制作盒子壁，使用泥条盘筑方法（见第56页）。继续制作，直到盒子到达约13cm高，但要制作得比预期的要更高出1～2cm，因为最后要切平，使高度均衡。一旦盒子够高了，就用弓形切割器、测量棍或尺子把顶部切平（图A、B、C）。

备注：记住要注意拐角，当处理拐角处时，要

用手指作为后盾支撑；不要从拐角处开始盘泥条，每次都要从外壁的中间位置开始盘筑。

揉一根足够长的泥条，确保它可以绕整个盒子的一圈。把泥条捏成三棱柱的形状，放在桌面上备用。在盒子内侧大约2.5cm深的地方，沿内壁一周划出大约1cm宽的划痕，尽可能的平整。在泥条的一个平面（放在桌面上的一侧）上划痕，再用水将其弄湿，然后将泥条连接到内壁上，从壁中间开始连接，不要从拐角处开始。注意保持侧壁的器形，并尽量保持泥条连接均匀。泥条盘在四周，在盒子内壁上形成了一个凸起的边缘，它将被用作盖子的子口（图D）。

在继续制作前，花点时间整理和清理连接处，用木刀或刮片压紧接口处。用坚固的金属或塑料刮片来压紧外壁，消除在向盒子添加子口时产生的任

何扭曲。

一旦子口牢固地粘到正确位置，使用一个直角的刮片绕着子口上部按压。把一只手放在盒子的外面，作为后盾，以确保形状不会扭曲。将子口的一面压到内壁上，同时将放置盖子的子口处压平。慢慢地进行，多做几次，直到你对接口处和子口面满意为止。你会发现泥条有轻轻地沿着外壁向下移（垂）的趋势。别担心，这是正常的。用弓形切割器，把子口的长度切割到需要的尺寸。我给大多数盒子留0.6～1.2cm（你可以在图E中看到做好的子口，在113页的图片F中也可以找到更清晰的例子）的子口，这个子口长度最好与壁厚匹配。在子口做好后，完成盒子的口部。对于这个步骤，用弓形切割器切割壁的内边缘，留下一些角度（图E），然后外边缘也一样。这使得四壁的末端变得锋利、清晰，使形状看起来更具建筑感，这正是我感兴趣

的地方，可以自行探索。

现在把盒子放好，晾至半干再把另一块准备好的泥板盖到盒子上（要用做好的盒身来当盖子的模具）。取一个刮片，轻轻地按压泥板和边缘，使盖子形成一个柔和的曲线。把挂在边上的泥切下来，切到紧贴外壁处（图 F）。现在让盖子放置到半干状态（如果不能在接下来的几个小时内处理这个盒子，把它包起来放第二天处理）。

当盖子晾干到可以用手拿起来（几乎半干状态）时，从盒子上取下泥板。处理盖子时，它应该足够坚硬以保持它原有的曲线。如果它太软会容易变形，请在做之前再等待一会儿。用手工刀，沿着泥片放置在盒子上时产生的线条进行切割（图 G）。这些线条应该是盖子嵌入盒子内部位置的一个粗略导引。切好盖子后，轻轻地翻过来，慢慢地用刮擦刀清除边缘多余的泥，使盖子尺寸达到合

适的要求（图 H）。要注意，不断检查盖子尺寸是不是正好。很容易因清除过多，使盖子太小。解决这种情况的唯一方法是用新的泥板重做一个。可以用砂纸和微湿的海绵（不是湿的）来改善边缘的光洁度（图 I）。

一旦盖子完全合适盒子，就可以做个盖钮了。虽然盖钮有特定的功能，但外形设计在很大程度上取决于你自己。盖子要坚固，并能承受盖钮的自身重量。不要急，尝试不同的选择，盖钮总是引人注意的。不管造型是什么样的，都要打毛、弄湿、然后把盖钮粘到盖子上。对于这个盒子，我把盖钮做成一块空白的泥块，用小金属刮片把多余的泥去掉，直到盖钮和盒子贴合连接紧密为止（图 J）。

从现在开始要把盒子和盖子放在一起，让它们一起慢慢变干，可以用塑料膜或塑料袋将它们覆盖起来，需要的时间取决于工作室的环境。一般来说，这个步骤至少需要两到四天的时间来干燥。把盖子放在盒子上晾干将有助于确保最终盖子和盒子可以吻合。我喜欢把每一步都做检查，以确保盖子可以轻易打开，因为作品在干燥时会收缩，这可能会导致轻微变形。

对于盖子太紧的问题，素坯状态仍然可以调整，打磨素坯盖的边缘可以尽量补救。我是建议把盖子和盒子放在一起素烧和上釉烧制，这也会降低变形的风险。

切割装饰

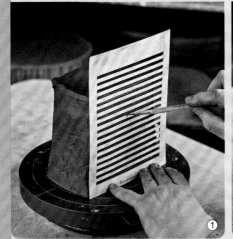

你喜欢这个盒子成品的样子吗？我很喜欢，并且我热衷于切割。最初的灵感来自窗户，我想知道在陶瓷上做窗户会有什么效果。

这个盒子是我试验的第一个项目，它很有建筑物的特性。我喜欢这种效果，多年来一直在摸索，也把这种风格应用到其他器型上，比如花瓶和漏勺。

切割前测量和标记要精确。做切割之前，我会按图示（图①②）标记我的整个作品。开始切割前，要确保黏土已经变得足够坚固，在刀子的压力下不会变形。我通常先切割，然后在切割处使用刮片处理，这将有助于压实器壁，做到平整和塑形，同时注意压实拐角处，检查容易发生的潜在问题（图③④⑤）。

在工作室里，人们经常问我有没有什么技巧。以下是我从艰苦的实践中得到的一些经验：

使用合适锋利的切割工具，钝的刀只会给你带来麻烦。

在器皿上挖洞会降低器壁的支撑力。如果在高温下烧制，那可能会导致器皿壁坍塌。

如果器皿壁太厚，就将很难切割和穿孔，同样，也将很难把切下的泥块取走。

注意拐角的地方，千万不要切到拐角。如果切到了一个拐角，就可能会造成后期潜在的裂缝。

欣赏

碗盘套装 \ Ingrid Bathe \ 泥条盘筑和手捏成型
图片由 Stacey Cramp 提供

上部 \ Lauren Gallaspy \ 泥条盘筑和手捏成型
图片由艺术家提供

舰首 \ Sam Havey \ 泥条盘筑和手捏成型
图片由艺术家提供

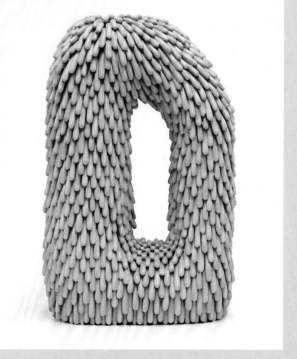

无题 \ Linda Lopez \ 泥条盘筑
图片由 Mindy Solomon 画廊提供

梦境 \ Heesoo Lee \ 泥条盘筑
图片由艺术家提供

影像 \ Linda Lopez \ 泥条盘筑和手捏成型
图片由 Mindy Solomon 画廊提供

2180 反抗系列 \ Virgil Ortiz \ 泥条盘筑
图片由艺术家提供

花瓶 \ Joanna Powell \ 泥条盘筑和手捏成型
图片由艺术家提供

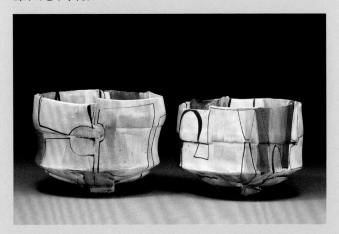

碗 \ Kari Smith \ 手捏和泥板成型
图片由艺术家提供

跳水者 \ Kensuke Yamada \ 泥条盘筑和手捏成型
图片由艺术家提供

白色结环花瓶 \ Emily Schroeder Willis \ 手捏成型
图片由艺术家提供

奶油和糖套装 \ Emily Schroeder Willis \ 手捏成型
图片由艺术家提供

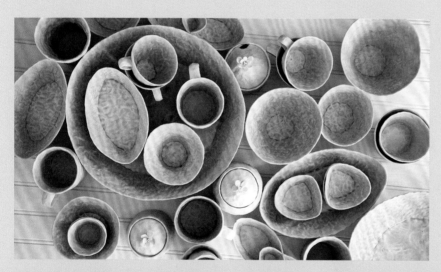

杯碗集合 \ Ingrid Bathe \
泥条盘筑和手捏成型
图片由 Stacey Cramp 摄影提供

研钵和研杵 \ Gwendolyn Yoppolo \ 实心雕塑、印坯和还原
烧成
图片由艺术家提供

研钵和研杵 \ Gwendolyn Yoppolo \ 实心雕塑、印坯和还原
烧成
图片由艺术家提供

第三章
泥板成型入门

　　泥板成型可用于制作各种各样的器皿。但是，因为我自己的创作是以功能性陶瓷为主的，所以第三章和第四章将主要侧重于泥板成型技术制作功能性器皿。

　　制作功能性器皿有很多好处，但最大的好处也许是能够将自己制作的杯子、碗、盘子和盒子融入生活中和家人、朋友分享。你一定会发现早餐时使用手工制作的杯子会让你的咖啡或茶味道更好。

　　使用自己制作的器皿的另一个优势是可以在创作之初就明确器皿的用途。

　　一开始，你可能会发觉并不是这么美好。但是，很快你就会发现好的设计的微妙之处。注意你每天使用的杯子，想想为什么你会最喜欢上某个杯子或某个碗。定义这些特征，并寻找方法将它们融入自己的作品中。

　　在这一章和第四章中，我将以自己在工作室教学的方式来写教程，并着眼于尺寸和器型，这些尺寸和器型对那些在手工制作方面经验不足的读者来说也是容易掌握的。在你掌握了基础知识之后，可以继续学习更复杂的器型，或者更小或更大型的器皿。提升了手工技能，就可以让自己的想象尽情发挥，并得已实现。

泥板的制作

在接下来的几个项目中，我们将主要使用泥板创作，也许有人认为泥板是专门用于"泥板项目"，当然不是，我经常将泥板、泥条盘筑和手工捏塑结合起来。掌握泥板成型技法的基础和前提是能制作厚度均匀的泥板。

我认为控制厚度是泥板成型中较容易的部分，而选择什么时候使用泥板才是一件困难的事。对于某些作品来说，刚制作好的泥板是最好的选择。而对另一些作品来说，会需要完全变硬的泥板。不管泥板在什么状态下，当你不使用它们的时候，就需要用塑料膜把它们包裹起来，保持它们的柔软和湿润要比给已经干掉的泥板重新补水容易得多（这只会导致失败）。

工具和材料

4 000～5 000g 黏土

基本工具套装（第 23 页）

泥板机或擀泥杖（取决于你使用哪种方法）

厚塑料布

喷壶

纹理工具／转盘（可选）

使用泥板机

有两种常用的制作泥板的方法，让我们从更常用的方法开始：使用泥板机。只要你的工作室有一个泥板机，就找到了制作泥板最容易和最可靠的方法。

首先从你的袋子里切一块 8～10cm 厚的黏土（约 1/3 袋，图 A）。为什么需要这么多？是为了做一块足够大的泥板可以一次性切割多个模板，为后续节省时间。

使用一个干的木头桌子或地板让泥板进行预舒展。这个步骤需要一些经验基础，所以不要担心，一开始做起来会有点困难。以一定的角度轻轻地把黏土朝下摔，抓住黏土上部边缘拉向自己轻轻拨动泥块，转动四分之一圈再把它摔下去并且再向自己一侧拉。用摔打的方法有助于均匀地舒展黏土，并可以保持它有一个相对方形的形状。如果泥块直直地扔下去，黏土就会粘住并大大降低伸展的效率。使用黏土本身的重量，而不是抛出的力量，让它在桌面或地板上得到伸展。

当黏土厚度约为 1.5cm（泥板相当均匀的理想情况下），就可以把它放到泥板机上了。大多数泥板机都有帆布垫或类似的东西。所以把泥板轻轻地放在垫子上，把它向一端展平。因为泥板的长度会增加，所以把它放在一端可以保证它在垫子上有足够的空间伸展。你肯定不希望在压泥片的过程中泥板超出垫子范围。

第一次压泥板时，将泥板机设置为约 1.5cm。当调整泥板机的高度时，你需要慢慢减少泥板的厚度，

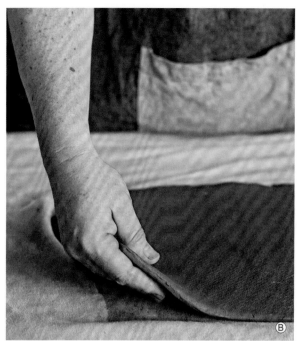

一次最好不超过 0.7cm。另外，如果泥板向一个方向拉伸太多会在之后导致收缩、开裂或变形问题。

我通常会使用泥板机压制两次。第一次压制让泥板有了初始的平整度（图 B）。在第二次压制时，我把泥板抬起来，转动四分之一圈，可以减少泥板的凹凸不平或开裂问题（图 C）。一般来说，第二次压制将泥板机厚度调至 0.7cm，这是本书中大多数作品的推荐厚度。如果从一块较厚的泥板开始压制，每一次向下移动 0.7cm，然后转动泥土四分之一圈。以此循环，经过三次或者更多次，也可以达到上面的效果。

备注：泥板厚度因作品而异，甚至在一个作品内也需要不同厚度的泥板。例如，杯子中杯壁的泥板应该比杯底的泥板薄。我对泥板厚度的建议以及图片中显示的厚度只是一种让这部分工作变得更

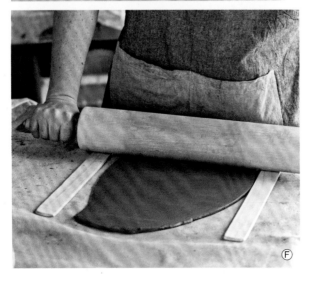

简单的尝试。当积累了制作泥板的经验之后，随手工技能的提高你可以随意调整厚度。如果你想做一个非常薄的杯子，那也可以大胆尝试。

使用擀泥杖和木条

如果工作室里没有泥板机，也没关系。你只需要一个干净的工作台，一个擀泥杖和一些木条。我推荐使用比你想要擀的泥板宽度长一点的擀泥杖和四到六对大约0.7cm厚的木条。我发现4cm宽，60cm长的木板条很好用。当然，多准备一些不同厚度的木板条会让操作更方便灵活。

制作前需要先拉伸黏土。用手或锤子（或者把擀泥杖当锤子），充分敲打黏土。然后把黏土拿起来，转四分之一圈，再敲打。重复这个过程，直到把黏土打得足够薄，它就可以擀了。

当泥板厚度被擀到接近1.5cm时（至少压到1.5cm），将其放置在同等厚度的木板条之间。正如你所看到的，应该把木条堆得更高一点，就像用泥板机时第一次压泥片要更厚一样。试着将木条堆叠到1.5cm厚，确定擀泥杖压过木条之间的距离。然后开始从靠近自己的地方开始，轻轻地擀平泥土。尽管黏土可能还有一些凹陷的地方，但在其他擀泥杖压住它的地方保持厚度均衡（图D）。

重复几次后，将泥板旋转四分之一圈（图E）。这一次转动可能会更费力。再均匀地擀制和拉伸泥土很多次，缓慢且平稳地来回擀，保持擀泥杖在木板条上移动。当擀泥杖和木板条充分接触时，取下一对木条，这样剩余木板的厚度会减至约0.7cm，然后重复上述过程（图F）。

使用泥板创作

使用泥板时，应轻拿轻放，保证泥板不会扭曲和变形，也要避免任何破坏泥片平整状态或没有支撑的动作。黏土是有记忆的，它会记住不恰当的操作行为，并通过破裂或变形表达自己的不满。所以，当移动泥片时，要尽可能保持平整。如果垫子上出现了折痕，或者垫子弯曲了，这说明可能拉伸黏土太快了。把擀泥杖或木板条往后移，再重新进行擀泥。当需要对泥板进行返工时，不要只是填充或抹平折痕（这样做基本上就是预先对泥板进行开裂处理）。

当泥板达到你想要的厚度而且形状是方形或矩形时，就可以进行最后的处理了。如果泥板边缘参差不齐，请使用直尺和针形工具清理。有时，当你从垫子或桌面上拉泥板时，粗糙的边缘会被拉扯或撕断，把多余的黏土揉成球状放回袋子里，以后再用。

移动泥板时，请使用垫子将其从泥板机转移到工作区。剥下泥板顶部的垫子，让泥板留在底部的垫子上。用喷雾器轻轻地在泥片上喷上水汽，使顶部足够湿润，刮片可以在其上平滑滑动，不会刮伤任何区域。

刮片要在各个方向（水平、垂直、对角）上来回刮，这有助于压紧泥板并去除垫子留下的所有痕迹（图G）。现在翻转泥板，在另一面重复这个操作。如果在移动或翻转较大的泥板时遇到困难，最好的办法之一就是使用干洗店的塑料膜。直接把一张干净的塑料膜放在泥片上表面，用手轻轻地将塑料膜的每一处平压在板上。如果你不想让它在翻转时变形、

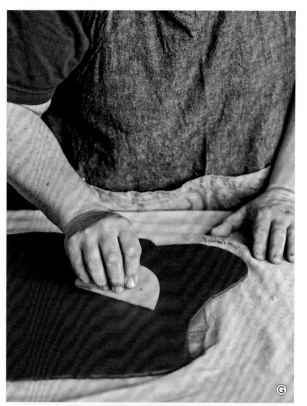

造成褶皱或从垫子上滑落的话，使用顶部的塑料膜和底部的帆布垫，一起翻转泥板。如果泥板下面没有垫子，用塑料膜轻轻地沿着上表面覆盖泥板，然后轻轻地把泥板从工作面上取下来（图 H）。

把泥板剥下来时，轻轻把离你较远一侧的边抬起来。一旦它完全脱离了工作台，将手臂抬起向内收，轻轻地把底部的泥板沿着远离你身体的方向放下。这是为了确保塑料和泥板平放在桌子的另一边（图 I）。这听起来很棘手，但你是在利用地心引力来帮助你完成操作。可以从较小的泥片开始练习以获得翻转它们的窍门。

当你需要转移工作区域或与他人共享工作空间，把泥板转移到一个坯板上（要确保坯板足够大，可以容纳整个泥板）。

如果你想给泥板添加一些纹理，现在可以操作了。对于添加纹理，可以使用跟手差不多宽度的纹理印章（详见 165 页）。我是沿着对角线压花纹的，

因为我更喜欢斜的纹理，而不是垂直或水平纹理。对角线压制的肌理通常可以成为设计的一种特色，不同于作品上以垂直或水平纹路相交的严苛线条。

掌握和应用肌理，需要从稍厚的泥板开始练习，因为压制纹理会使泥板变薄并变脆弱。此外，某些图案压在半干的泥板上可能会出现问题，比如当肌理印章滚动时，会导致泥板开裂。如果你遇到这个问题，试着换一个更厚的泥板，直到掌握了压制纹理的技巧。

添加了纹理后，让泥板静置 10 到 30 分钟，这取决于工作室的空气情况。待泥片稍干后可以翻转泥片，并在另一侧压制肌理（如果需要的话）。如果需要两面压纹，我建议再拿一块塑料膜，这样就可以把塑料膜放在泥片顶部，然后把底部翻转。不过，另一面压花时要更小心，因为还要保留板底面上的纹理。这样泥板已经准备好了，接下来该学习模板成型了。

实心软泥板

工具和材料

基础工具套装（见 23 页）

模板

环形修坯刀

适合你模板的 7 ~ 10cm 厚的泥板

在这个方法中，需要制作相对厚一点的泥板，然后通过切割去除黏土来创作作品。这种方法通常用于制作一系列类似的作品。

这个过程可以使用很多不同形状的模板，但是我使用的是 195 页的模板。除了模板，还需要一块比模板大且相当厚的黏土块。一袋新鲜的黏土是完美的选择。

首先，将模板放置在黏土块上。模板将作为整块泥板的制作参照。用一根割泥线和两根测量棒从黏土上切下一个约 2.5cm 厚的泥板（图①）。如果只做一个作品，只需要一块泥板。但是使用这种技法，很容易批量生产，所以你可以一次切出三到四块泥板，多制作几个。

选择一块泥板进行创作，沿着模板的外部切割并沿着内部线条勾勒器型（图②）。用一个环形修坯工具将作品内部形状挖出来，然后用刮片来平整和塑造内部（图③）。这个步骤可能会把器壁抬高。如果在平整器皿内部时器壁被抬高了，使用弓形割泥线和刮片，切除多余的部分，将器壁修平整，然后用手塑形。

最后是制作作品的足，我用胶带在一把小刀上做上记号，标记出想要切入到底部的位置。然后，以一定角度握着小刀，拉动小刀在底部进行切割，刀的插入深度就是胶带标记的位置（图④）。

模板

本节中我将使用模板作为制作所需形状的导引，就像裁缝做衣服的模板一样。用模板从泥板上切下规定的形状，然后把它们拼成一个三维物体。模板可用于创建器型，如锥形杯（见第 95 页）或方形碗（见第 94 页）。每个示例都是用软泥板和模板制作而成的。

制作模板前期需要投入大量时间，但从长远来看，它们将为你以后制作节省更多的时间。在我看来，它们对作品的成功至关重要。但当你为原创作品制作新的模板时，需要经历很多试验和挫折，所以要做好失败的准备。请记住，失败是需要反思和学习的，不要让它们成为让你停下脚步的理由。失败是起点，吸取教训，为下一次尝试做好准备。

模板材料

在为模板选择材料时，需要考虑你的目的。你是不是还停留在想摸索出一个新的器型的早期阶段？或者你正在创建一个以前用过的模板，并想要一些更耐用的材料？纸张会很快吸收水分、收缩和变形，但用纸做模板是很好的起点。一旦解决模板研发问题的环节，就可以选用更持久（通常更贵一点）的材料。以下是最常见的模板材料：

纸张： 适合开发模板的早期阶段。纸张易于修改，价格便宜。但是，它会很快从泥土中吸收水分，这将导致收缩和变形。

柏油纸： 拥有与普通纸相似的品质，柏油纸很

容易切割和使用，以便将产生的新想法实现出来，它不像普通纸一样容易吸收水分，但它有股臭气味（我不是特别喜欢）。

水彩纸： 强烈推荐水彩纸作为模板。这是一种

非常耐用的材料，在弹性上类似于柏油纸，但无味。水彩纸的厚度很理想，因为它提供了一个很好的切割边缘。水彩纸对于制作示意图、模板印文字或图案用的模板也很好用。

复合板：推荐复合板作为模板材料，尤其是做圆底设计时。如果你把一个圆形底面的泥板放在模板上，美森耐复合板可以很好地处理黏土的重量以及吸水问题。它有完美的厚度，所以切割时可以更方便地切出干净利落的边缘。

木材：用木材做三维或其他特殊设计的模板。它特别适合于塑造和构建坚固的模板。木材经得起长期使用的考验，但用它制作模板可能很耗时。

设计一个模板

虽然从技术上讲，模板可以是你想要的任何形状，但你会发现有些形状比其他形状更难使用。首先，不要试图制作任何非常小或非常大的模板，并尽量避免使用具有锐角的模板（例如星形）。我建议你先做几个接近手的尺寸的模板。

我分享的从195页开始的模板形状来自我多年来对特定形状的处理。底座的锥形设计是我对创作的作品进行批判的结果。我一步一步地改进它们，直到这些形状成为我想要的成品。处理模板和黏土的方法有很多，以下是使用平面模板创建立体对象的基本步骤。

首先，参考195页上的一个"正方形"或"矩形"器型底面形状。我用引号说"正方形"，因为你很快就会发现它们不是完全的正方形的。在我创作的过程中，我发现倾斜度使方形形体显得更为优雅和更有结构感。想象一下如何从模板中构建形状，然后使用模板作为项目的基础（图A）。圆形模板见197页，然后，构思好如何将各种器型组合在一起（图B）。对于某些器型，还需要考虑连接（接缝）的角度是如何决定作品的顶部和底部宽度。它还将决定是否需要一个支撑体系（如模具或硬纸片支撑）。

一旦了解了模板是如何影响一件作品的基础外观或整个作品的，就可以围绕原创模板来思考了。我建议拿一个纸杯或纸碗沿缝剪开，把底部剪下来，再把纸片放平（图C）。现在你可以看到两个模板是如何从泥板中切出来组合出一个杯子的。在模板纸上画出纸杯形状，然后用它们来制作自己的陶土杯（图D）。

最后我想说，一旦牢牢掌握了平面形状如何变成三维形状，就可以使用尺子、圆规和其他工具创建一些几何图形，作为自己模板的基础。制作任意形状的模板都很有挑战性，都很有价值。

泥板制碗

　　碗是最常见、最实用的器型之一，就像杯子一样，它们的多样性是无穷无尽的。创作前问自己几个问题：回忆一下你用得最多的碗是什么样的？你需要拿这个碗储存什么？用它吃什么？模板和模具都特别适合制作碗和杯子，而且它们很容易放大或缩小。

工具和材料

1500～2000g 黏土，准备如下：

　　泥板1：50×25×0.7（cm），用于碗壁

　　泥板2：10×10×0.7（cm），用于碗底

模板（198页）

基本工具套装（23页）

纹理工具/肌理印章（可选）

滚筒

麂皮

制作方法

　　准备好第一块泥板，如果需要增加纹理或表面装饰，注意泥板的厚度。对于这个作品，我建议使用一个坚固但柔韧的纸张（如焦油纸）制作模板。它将作为一个相对坚固的模板，能很好地支撑，也便于描边和剪裁出形状。

　　沿着泥板边缘用滚筒滚出倾斜的边（图A）。这增加了连缝处的表面积，并压实了边缘，有助于防止之后接缝处开裂。

　　把泥板合拢，直到边缘相交为止。重叠区域做出标记，把两边的倾斜边缘都打毛，一边打湿，然

后进行连接，再从外面加固连接处（图 B）。

现在已经连接了外部接缝，下一步将处理内部
接缝。根据碗的大小，需要考虑晾的时间。当作品
变干时，要时刻关注它。记住，当黏土变干时，它
在收缩。设置一个定时器，根据工作室的情况，每
五分钟左右检查一次。如果碗尺寸较小或者壁薄，
那么将碗壁进行连接后，不需要等待太久的时间来
让它干燥。

清理接头时，确保从外部支撑接缝。可以完全
消除接缝处，也可以让接缝可见，用来纪录创作过
程（图 C）。留下接缝痕迹时，只要接缝连接良好，
可以用柔软的橡胶刮片轻轻地按压表面。如果想要
消除接缝，可回填接缝处的间隙，用刮片更用力地
按压和消除接缝处的痕迹。

现在开始制作碗底和（或）碗足。在这件作
品上我选择做一个带足的平底碗。完成这个步骤，

还需要使用一块与碗的纹理相同的泥板或使用第二块不同的泥板。先确定碗的高度（也是碗底的宽度）。将碗倒置（碗口朝下），把碗底边缘切割到你想要的高度，并使用刮擦刀将表面磨平（图 D）。

把碗翻过来。以碗的底部为参照，切一个圆形做碗底的泥板，其直径要略大于碗底（图 E）。为了清楚地知道将在哪里打毛，可以沿着碗的内壁和外壁大致估计一下。取下碗，沿外线切割泥板。把泥板的标记区域和碗底部都打毛，用水湿润一边然后进行连接。用木板轻轻地拍打或刮抹接口处来压实连接处（图 F）。从碗的内部，清理接口并回填所有空隙。使用木刀从相应角度去按压碗内连接的拐角处（图 G）。

现在各个部位的接缝都已经处理好了，是时候决定碗底的装饰元素了。切掉多余的泥，只留下足够的部分，将粗糙的底面边缘抹平。将碗底轻轻向内敲打，使其凹进碗中稍许，因为微凸起边缘的底部比平坦的底部更坚固、更耐用。

最后一步会将碗口变得平整圆润。用海绵在整个碗口边缘来回抹平，也可以用麂皮做最后的完善步骤，修整碗口。

做一个方形碗

用前面提及的方法制作一个方形碗，需要准备好泥板和197页上的模板来裁剪初始形状。

如图所示，将做碗壁的泥板合拢（碗口朝下）。在进行任何连接之前，都要打毛并湿润所有连接处（图①）。首先连接碗壁的外部，即碗的"墙"，然后开始处理凸出部分。用你的方式连接底部凸出部分，使之相互接连、粘合（图②）。记住把边缘切成斜角，因为这将有助于固定接缝和切除多余的泥。

当完成连接后，上面会有多余的泥，可以像切圆碗那样切掉这些多余的部分，这一步决定了碗的深浅和底部宽度（图③）。

在第二块泥板上，使用针形工具，以碗为参照，画出碗的底部（图④）。切出碗底，把碗底连接在碗上，在连接处打毛、打湿、按压。清理内部接缝（图⑤）。完成后，用海绵、麂皮或手指平滑碗口（图⑥）。

泥板制杯

　　我将要用模板（198页所示）来制作高的平底杯。这里还用到素烧的模具（见第127页的模具），如果你没有素烧的模具，可以用焦油纸做一个类似的模型（用胶带把纸粘在一起）。我希望通过演示使用素烧模具制作杯子和使用纸质模具制作碗的例子来说明各种支撑材料的差异。纸模对于灵活操作和创作各种形状来说都很便捷，但它们很快就坏了，不能和素烧模具互换使用。如果你的工作室有一个类似的素烧模具，使用它来跟进这个教程。

工具和材料

1 000~1 500g 黏土，制备如下：

　　　　泥板：25×25×0.7（cm），用于杯壁
模板（198页）

素烧模具

基本工具套装（第23页）

纹理工具/肌理印章（可选）

胶带

制作方法

　　把纸包裹在模具上，描画，然后剪下来，制成纸模板。或者使用现成的纸模板，在准备好的泥板上切出想要的形状（图A）。如果想为泥板添加纹理，请仅对一个面进行纹理处理。

　　将素烧模具放在转盘上（口朝下），然后将泥板翻转到有纹理的一面，轻轻地提起泥板的边缘，从模具的远端从下向上包裹在模具上，轻轻地将泥板对齐杯口的地方（图B）。让泥板轻轻地包裹住模具，泥板可以自己支撑住，并且在前面有少量的重叠（图C）。把两端的边缘都做成斜边，打毛接口处，并用刷子加一点水或泥浆，小心不要弄湿塑烧模具（湿气可能会导致黏土粘在模具上）。轻轻地把连接处压实。如果担心纹理消失，就使用肌理印章来固定接口（图D）。根据纹路不同，第二次

的压花可能并不能和第一次吻合，但它会融入并保持带纹理的外观。

备注： 根据作品的大小，可能需要再切出一个泥板，以便在修复底部接缝处时为整体器型构建支撑。模板选用硬而有弹性的纸：硬纸板、柏油纸或水彩纸。这种情况通常适用于非常软的泥板。

对于这种类型的杯子，我通常最后会把底部折叠起来。用弓形割泥器从两边切下，切出两段相对的大约 2cm 宽的截面（图 E）。将底部泥板按压在切出的短截面上（图 F）。再将剩下的两个长截面折叠，然后将它们压在一起以牢固连接（图 G）。

把杯子翻过来，揉捏底部直到边缘达到你想要的程度。从杯子里取出模具（图 H）。用手捏的方法使顶部边缘向中心慢慢变窄，完成杯口。

布莱迪·布恩 | 泥板成型
Birdie Boone

你是怎么开始接触陶艺的？

我早在五岁左右的时候就开始接触陶艺了。我一次又一次观看我好朋友的妈妈做器皿，那时我就喜欢上了陶艺，我知道这是我未来想要的东西。后来大学里我主修艺术，专攻陶瓷。

是什么让你发现了你使用的成型方法？

这绝对是一个渐进的过程，因为拉坯的方式抹去了太多我试图保存的触摸痕迹，我开始进行纯手工制作。我一直从事部件和组装工作，所以过渡到手工制作并不是一件容易的事。但泥板成型提供了很多的可能性，特别是光滑的表面，可以为我提供更多想象。

你创作一件新作品的流程是什么？你做调查或者绘图吗？你是先做模板还是先加工黏土？

当我第一次用泥板制作陶罐时，这并不是一个非常系统化的过程。我做得很松散，没有模板，结果罐子就做得很古怪。当我开始制作更多的时候，我意识到如果我有模板的话，复制器型和重复制作就会更容易。

我知道许多使用模板的艺术家都是通过剪纸或CAD程序来制作模板的。因为二维中呈现的不如在三维中更立体，所以我在这个顺序上遇到了困难。我想我可以先试着制作一个三维的物体，然后把它切开，碎片平铺并记录在纸上。这虽然有点麻烦，但我需要标准化的模板（使其对称并清理干净），

马克杯和托盘 \ Birdie Boone \ 泥板成型

并确保它的尺寸合适，以便所有零件都能在装配过程中无须任何调整。用三维起稿时，粗略的草图和大量的书面笔记可以帮助我记住正在尝试完成的事情，有时候作品要经过一个漫长的设计过程，这会使我很难记住在哪里有遗漏。但是现在对于当前的工作主体，我可以经常修改现有模板来设计新的器型，不必每次从头开始。我做的几乎所有东西都是从锥形圆柱体开始的，所以主要问题是设计尺寸和考虑细节。

静物画 \ Birdie Boone \ 泥板成型

你能说一些使用软泥板的最佳做法或实践技巧吗？

要注意一些简单但重要的环节，比如在泥板软硬最佳状态的时候去连接或塑形，使你得到你想要的结果，且让过程不会出错。使用软泥板创作最关键的一件事是接触准备好的泥板时，不能拉扯或损坏它。还有一个重要的是要知道你的黏土能做什么。

拉伸薄而软的泥板有一个制造创意的好基础。当然，这样方式也有它的"时机"，我花了几年时间才归纳出正确的流程方法，但它是值得的。时机很重要，如果泥板在塑造过程中过于潮湿，它们将会塌陷，如果泥板太硬，塑形的程度将是有限的。我的实践经验是（对泥板很挑剔），我只选择可以能翻圈一个圆周的又软又半干的泥板。在有些时

候，我需要"两只以上的手"来操作。

对于这些细节，重要的是要有耐心，如果黏土在任何确定的步骤不是处于理想的状态，就后退一步而不是大惊小怪。此外，重要的是要知道如何在泥片之间形成一个牢固的接缝，特别是在组装后需要进行进一步的操作时。

手工制作能否成功的一个重要因素是能否避免在干燥或烧制过程中开裂。粘连处是有压力的区域，需要准确地处理。我使用"魔法水"和很好的打毛工具，另外我的黏土总是有很多"石子"。打毛的粘连处连接后产生的多余泥浆会被推到连接处的任一侧，相当于产生多余的泥条。这种少量的泥条会被压缩在硬皮状接缝的两侧，用一个木质工具就可以很容易地去除。

这种制作方法，你最喜欢它的哪一点？

这种工作方式给了我所有我想要的形式上的丰富差别和过程的享受。我喜欢这是一种"低技术"的过程，不需要太多高级的工具。装配也很简单，一旦一个部件组装好，其他基本上也就完成了，不需要花太多时间清理。在简单中创造无限可能。

魔法水配方：

- 4 升水。
- 3 汤匙液体硅酸钠。
- 1.5 茶匙苏打粉。

花瓶 \ Birdie Boone\ 泥板成型

蓝莓碗 \ Birdie Boone \ 泥板成型

马克杯和托盘 \ Birdie Boone \ 泥板成型

所有图片由艺术家提供

泥板制蛋糕盘

很多年前，我被邀请参加一个以甜点为主题的聚会。当然，我接受了，尽管当时我没有做甜点。当我开始研究甜点用的陶瓷制品时，马上想到那次聚会的蛋糕盘，但我对曾经见过的陶瓷蛋糕架都不感兴趣。它们对我来说太花哨了，我开始思考什么样的蛋糕盘是我要的风格。

上网检索了许多蛋糕架的图片，最终的灵感来自维多利亚时代的一些有趣的蛋糕盘。它们不是常见的典型基座样式，而更像蛋糕底座的支架。

在我花了一段时间研究这个器型之后，我突然想到了一个堆叠套装的想法。这个练习将为你提供一个关于如何使用模板来放大或缩小，以及制作嵌套套装的美妙想法。这里所需的技能可以转化为做砂锅，甚至可以是做盒子或其他。这个作品还将涵盖收缩板的概念（收缩板是一种废泥板，作品将要在上面进行烧制以防止变形）。

工具和材料 *

2 000 ~ 2 500g 黏土，制备如下：

  泥板 1：25×25×0.7（cm），用于底面（肌理自选）

  泥板 2：55×13×0.7（cm），用于器壁

  泥板 3：25×25×0.7（cm），用于收缩板

模板（第 197 页）

基本工具套装（第 23 页）

纹理工具 / 肌理印章（可选）

*****备注：**图中所示的每个蛋糕盘的制作方法相同。案例讲解的是直径 19cm 的盘子，根据自己的喜好，盘子尺寸可变小或变大。

制作方法

在第一块泥板上使用模板切割底面圆（图 A）。如果添加了纹理，纹理面朝下。我建议在表面衬上报纸，以防止泥板粘在坯板上，并保护好纹理。

备注：如果要同时做多个，可以从同一个泥板上切出多个底面。

测量底座圆的周长。在第二块泥板切出长与底面圆周长相等（保险起见可以稍微长一点），宽就是器壁的高约 8cm 的长方形，不过你可以根据喜好调整高度。

将底面外侧边缘和器壁的一个边缘斜切，以便它们能够很好地连接在一起（图 B）。在两个斜面上做划痕，打湿器壁的另一端，并准备将其连接到底座上。

将器壁放置在底座的正上方，环绕一周，把接口拉到前面。抓住器壁的末端，注意不要扭转泥板，缓慢连接器壁（此时器壁与底面应该垂直）。当接缝闭合到可以稍微重叠时，斜切器壁，切掉多余的黏土，这样泥板就会均匀地接合，并保持垂直位置。两边都要打毛，一边弄湿，然后连接按压。斜切是为了增加连接处表面积，让接缝更加牢固（图 C）。

使用一个带有锐角的刮片来平整内部和外部的接缝口。一旦所有的接缝都被压实，让蛋糕盘放置大约一个小时。

要给边缘加上扇形的装饰边，请使用直尺和针形工具沿着上口边沿测量并标记约 3cm 的间隔。

一边旋转器皿一边在边沿向下方 1～1.5cm 的位置做标记（图 D），这将是切割到弯曲边缘的标记。

向一个方向切割扇形，从顶部标记的其中一个点的中间开始，向下切割到器壁的标记线条，以相反的方向重复，然后去掉不需要的部分。

刚刚的切口是潜在的开裂区域。为了减少开裂的发生，按压是关键。拿刮片按压外壁，去除之前留下的标记线；拿一把木刀按压扇形花边的"角"（图 E），去除隐藏的细小裂缝；再拿刮片用合适的力度按压内壁。最后用弓形割泥器沿着扇形轮廓修整内边缘（图 F）。

还可以再做一些其他的表面装饰。我将在盘子的每个扇面的下方都装饰上凹槽（选择自己喜欢的样式即可）。选用金属针（或刀片）和标尺在外壁上画下痕记，不要太深，防止穿透；也不要太浅，大约壁厚一半的深度（图 G）。标记整个器皿一周后，用金属刮片左右两次刮出扇形下面的凹槽并形成凸起。记得用手指在内壁做支撑（图 H）。最后用金属或塑料板将留下的高点磨平，不留下任何锋利的几何角（图 I）。

根据蛋糕架的尺寸，足的数量会有所不同。一般来说，我认为三个点接触桌面是最好的想法——奇数能减少晃动。这个蛋糕盘将有一系列的足均匀地放在扇面顶部的其中三个点上。做一根小泥条，把它切成三个均匀的小段，然后把它们捏成小而粗的三角形，底部厚，顶部逐渐变细，它们的大小和形状应该相同（图 J）对于较大的盘子，我仍然倾向于使用三个足，但是将每个足的尺寸变大一些，当然你也可以有别的选择。

为了把足固定在盘子上，打毛它们的底部，

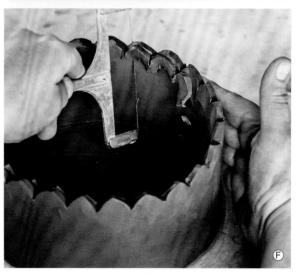

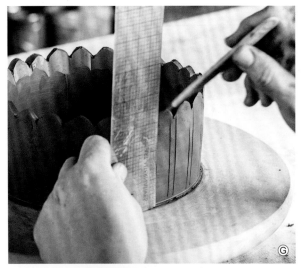

并把扇形的顶部将要跟足粘连的地方也打毛。弄湿粘连处的一端，按压连接处并在表面用刮片加固（图 K）。使用弓形割泥器均匀地切割足，使它们高度一致。最后用一把工艺刀把足也做成扇形（图 L）。用弓形割泥器切割足的内侧（类似图 F）。

等蛋糕盘到达半干状态，可以在足的顶端放置一块坯板，然后小心地把蛋糕盘翻转过来（图 M）使用坯板也会给你一个很好的可以把作品放平的表面。现在蛋糕盘已经差不多完成了，可以接触到盘子的顶部，按预想的去装饰完成表面，不要忘了抹平顶部的边缘，修复锋利的边缘很重要（图 N）。

为了安全起见，当把足修平后，我会把盘子放回到底面朝上的状态进行晾干，再进行素烧。如果蛋糕盘是这个教程里的尺寸或更大，我建议在收缩板上烧制它。从第三块泥片上切一个与蛋糕盘大小相同或稍大的圆或方泥片，做为收缩板，一旦蛋糕盘已经完成（半干状态），把蛋糕盘放在收缩板上（图 O）。把盘子和收缩板放在一起晾干，素烧或上釉烧制时都如此。这个方法适用很多重的或大尺寸的作品。

欣赏

大色拉碗 \ Naomi Dalglish and Michael Hunt \ 泥板成型

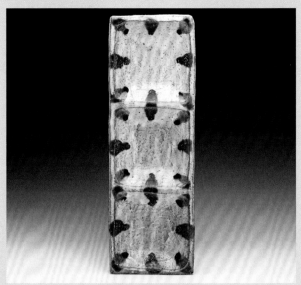

三连托 \ Naomi Dalglish and Michael Hunt \ 用实心泥板成型

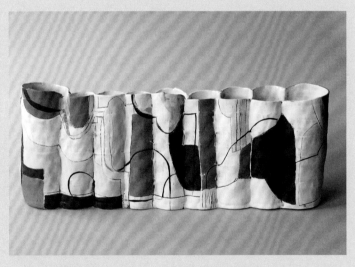

花瓶 9 号 \ Kari Smith \ 泥板和手捏成型

三叶草碗 \ Matt Kelleher \ 泥板成型

海盗 \ Robert Brady \ 泥板成型

鹰形茶壶 \ Matt Kellecher \ 泥板成型

马克杯 \ Shoko Teruyama \ 泥条盘筑和手捏成型

巢形碗 \ Shoko Teruyama \ 泥板和泥条成型

XO 碗 \ Kari Smith \ 泥板和手捏成型

杯子 \ M.Liz Zlot Summerfield \ 泥板成型

第四章
泥板成型提高

之前介绍了泥板成型所需要的基本技能。在本章中，我们将更进一步提升难度。我们将从本书中最长的软泥板砂锅项目开始，在该项目中，将同时使用软泥板成型和泥条盘筑成型。然后我们再使用硬泥板，并用不同类型的方盒来探索泥板成型。最后，我们再一起学习如何制作和使用模具。

和第三章一样，为了着眼于初步的成功，本章中项目的构建方式类似于我在工作室里的教学。一旦你掌握了，或者你已经掌握了制作这些项目所需的技能，那就大胆地去尝试和突破！

我经常被问到对初学者有哪些有帮助的技巧。

在这里你们能看到我工作的一些方法，但我最想强调的是，做任何事情最重要的"诀窍"就是投入足够的时间和精力。实践和经验是无法被任何技巧所替代的。即便是使某项任务变得更容易的"诀窍"，也是来自投入一个又一个小时的工作后的感悟。积极工作，然后与其他人分享。

在某些时候可以按下工作的暂停键，花点时间思考一下其他内容。比如，离开工作室休息一下，或者来读一读本书第五章。只有当你对工作内容和概念的掌握赶上你的技能的时候，你才会真正满意自己所做的作品。

砂锅

这个造型的灵感来自一本陶瓷杂志。我的第一次尝试曾经因为尺寸太大而失败。建议你一定要尝试，会发现和面临许多问题和挑战。

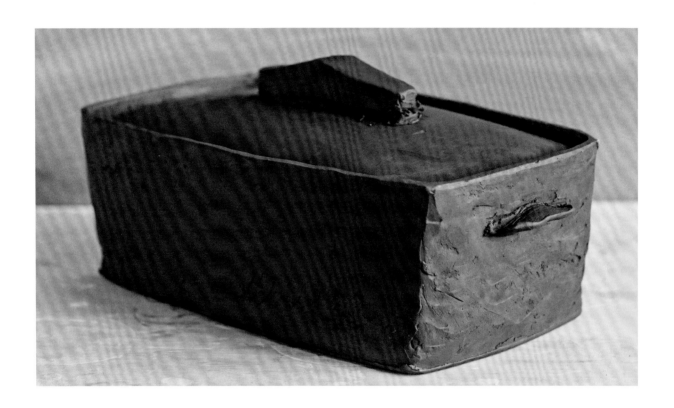

即使有循序渐进的指导，这也是一个需要练习和反复实践的项目，以增进对泥板状态的了解。当尝试做第一个砂锅时，可能会有裂缝或者彻底失败。没关系！要挑战自己，发现问题是件好事。关注这个过程，可以从自己的错误中学到很多东西。

工具和材料

2 500～4 500g 黏土，制备如下：

    泥板 1：33×20×0.7（cm），底板用

    泥板 2：38×25×0.7（cm），盖用

    泥条盘筑用黏土

模板（第 196 页）

基本工具包（第 23 页）

砂纸

制作步骤

将模板放置在泥板上，并使用针形工具围绕模板切割。把泥板转移到干净的木板上（图 A）。泥板一旦干了就能很容易地从表面拉开。如果不小心拉伸或改变了泥板的外形，请重新切割一块。如果泥板一开始就扭曲变形了，要花很多时间去调整它，并为以后的制作埋下隐患，所以确保泥板不变形非常重要。

备注： 我使用的模板是在第 196 页放大到 25×45（cm）的尺寸。它的特点是从中心到边缘逐渐变窄，就像我之前举例的方形或矩形泥板。如果你担心太大了，那就尝试小一点。

现在，将泥条盘筑，类似于第 69 页上的泥条盘筑盒项目。在模板外侧边缘的四周，做出 1～1.5（cm）划痕。连接的第一个泥条圈是至关重要的。从边缘的中间开始固定第一个泥条圈。捏住泥条，在泥板周围轻轻按压。注意壁角，从外围小心地跟着泥板的形状走。用拇指按泥条圈的内侧，当泥条圈的末端到达泥条圈的起始处时，将它们捏合在一起（图 B）。

在内侧使用刮片整型，在外侧用手来优化连接和造型。注意加固壁角。再把刮片换到外侧定型，重复按压直到接缝完全消失。

只有当形状完全符合要求，泥壁的厚度均匀，并且外部和内部形状相互匹配，才能继续盘筑下一圈泥条（图 C）。

继续盘筑泥条，使形状在增长的同时向外扩

张。这意味着固定连接泥条圈时，从内部向外推。泥壁有轻轻外扩的感觉，黏土应足够坚固，以支撑泥条圈的重量。如果向外扩张太快或陶土太软，形状就会有结构性的问题。这需要在实践操作中学会如何管理和控制。

继续盘筑，我倾向于每盘筑两圈泥条后加压塑形，但是否能这样做要取决于工作室的环境。如果工作室非常潮湿，可能需要在每圈盘筑之后等待。需要盘多高？砂锅的泥壁盘得比烧制完工时想要的高一点。除了黏土的正常收缩外，还需要考虑在里面给子口留出空间。一般来说，如果想要一个 13cm 高的砂锅，做的尺寸是 15cm。另外，泥壁的最低部分才是决定整体高度的位置，所以不要忽略最低点。全部盘筑好、还需整体塑形修整。（图 D）

备注： 随着砂锅壁高度的增长，万一泥壁向外扩张得太多，解决的方法是做切口（见 61 页）。当然，随着手工技能的提升，做切口的概率也越来越小。但是注意，方形器皿不要在拐角处做切口。

用弓形割泥线和切割测量棒或尺子均匀地切割顶部（图 E）。在添加子口之前，修整一下形状。泥壁需要足够坚固，以便可以在附着子口时不被扭曲变形。

等待泥壁准备好之后，在离内泥壁顶部约 1cm 处的位置划出后续需要粘连子口的区域。

准备一个均匀的泥条，比用来盘筑的泥条稍细，大约手指的宽度是合适的。泥条应足够长，稍大于砂锅的内周长。一旦泥条达到所需长度，用手指和拇指轻轻捏成棱形。其中一面做好标记，然后

用湿刷子弄湿。

从泥壁中间开始连接泥条圈。用大拇指将泥条压入泥壁内，其他手指放在壁的外面，作为一个支撑物来保持形状。之后再用手指按压子口泥条圈的下侧，也可以用刮片处理。

等子口粘连牢固，在外壁用刮片塑形，以确保它没有变形。下一步用一个带角的刮片清洁和压平盖子所在的子口顶部接缝，不必一次完成，可以分几次进行。

使用弓形割泥器或手工刀，将子口内边缘切割至约 1cm（图 F）。在继续之前，先来处理砂锅口内边沿。用弓形割泥器，切掉内外边缘的角（图 G）。将砂锅放置至半干状态。

干燥后，用砂纸或硬海绵（潮湿但不湿）打磨子口的锐边。因为实际使用中，子口上没有任何锋利的边缘会有助于保持子口完好无损，而锋利的边缘容易碎裂。

为了制作盖子，我们将使用第二块半干状态下的泥板。测量一下砂锅的顶部，切割泥板（长宽各长出 5cm），更大一些有利用后面的操作。

把泥板盖在砂锅上，用一个软塑料刮片轻轻地拍打，目标是得到一个有弧度的盖子（图 H）。不要用力过大，让重力来发挥作用。

刮片在泥板上轻轻用力时，砂锅口会在泥板的边缘留下压痕，如果边缘皱起，用刮片及时处理。当盖子形成自己需要的完美弧度时，用弓形割泥器，沿砂锅外壁切除多余的泥板。

所有的东西都用塑料膜包起来，放置一整天。泥板上的水分可能会打湿砂锅，同时锅盖也会变硬。你需要揭开塑料膜，并在第二天监测它的干燥

情况。当取下盖子时，它应该是坚硬的。如果还是软的易弯曲的，需要再等等。

关于把手和盖钮，我将教你如何制作这里展示的这些，更希望你可以自由尝试其他设想。把手和盖钮的作用很重要，但正是因为你的创造力，才能让它们在功能之外，变得更有"乐趣"。

要在这个项目中制作手柄，先作一个大约5cm长，比你的手指稍厚的泥条，然后把泥条切成两半（图I）。捏出手柄的形状，每个手柄都有一个较宽的底座，逐渐变细到更窄的边缘（图J）。在离泥壁顶部大约2.5cm的地方，即砂锅手柄安装的位置划上刻痕。打毛，用水或纸片弄湿有刻痕的地方。用一只手在锅内壁以防变形，一只手固定把手，按压、固定、塑形（图K、L）。

当盖子准备好了，把它从砂锅上取下来。温柔地对待它，因为它会"记住"任何扭转或人为的不当操作。用一把手工刀沿着砂锅顶部留下的痕迹的地方切除。盖子最终是嵌入锅盖的，所以砂锅壁在盖子上留下的痕迹就是削切的标准（图M）。但千万不要一下切得太多，否则无法补救。然后找一个薄薄的塑料膜，吊起锅盖，一点点扣合（图N）。从一个角开始，再到一个边，多出的部分做出标记，一点点的修磨。这一步无法太快，慢工出细活，一旦削切得太多，整个盖子只能重新返工。

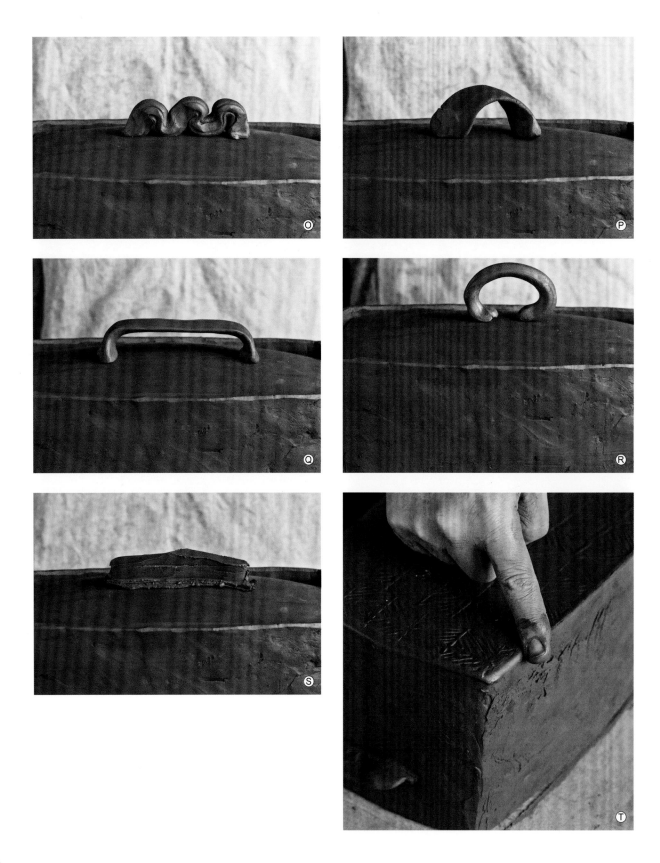

比例

正如我所提到的，这本书中的大多数项目都是中型尺寸，因为它们比超大的作品或微型模型更容易操作。一旦你掌握了手工技能，创作很大或很小的作品都会很有趣也很有成就感。

你可以用几种不同的方法来处理比例。扩大尺寸往往令人望而生惧。但是在实践中最重要的部分就是练习。如果你发现自己想扩大尺寸，但又不断寻找借口不扩大的时候，仔细观察，发现阻力，明确障碍。问自己，你害怕什么？

以下是我的一些建议，无论是大项目还是小项目：

制定计划。大的项目可能需要额外的工具，并且移动你的作品可能是棘手的。小项目和大项目一样，也需要特殊的工具和规划。

由小及大。有时我们没有信心或技能去创作我们所想的。所以，从小做起，先做一个模型，一个小尺寸的模型，帮助完善你的设想，并解决可能在制作过程中出现的任何问题。然后再放大。

理解功能很重要。当然，功能在一开始就可能令人生畏。别太纠结于"这可以吗？"，以至于说服自己不去做一些不寻常的东西。研究开发实用器物是至关重要的。在网上查看图片，去当地的陶瓷画廊、博物馆参观学习。对于初学者而言，这些都是很好的资源。

我们生活在一个似乎认为是越大越好的世界里。其实，小项目往往能产生巨大的影响，有一种体验和感悟是小项目所特有的，它还让你有机会在多种形式创作时进行重复和有节奏的变化。

为了给盖子做盖钮，我建议用作手柄部分的方法做一些不同的东西，比如捏、卷或者拉。参考第51页几个把手形状可以与任何给定的形状搭配，但只有通过实践才能找到最相匹配的造型。在第116页，你可以在我提供的成品上看到一些可选择性的实物（图O、P、Q、R、S）。（提醒：注意作品的总高度，如果在一个很高的砂锅上做了一个很高的把手，你可能面临后续烧制和使用的麻烦）选择和制作你喜欢的把手固定在砂锅的盖子上。

最后一步是完成底部。取下盖子，把砂锅盘翻过来，用手指抹平底部边缘（图T）。处理好底部后，放好砂锅，盖上锅盖，在适当的地方，让你的成品慢慢干。如果盖子有点太紧，在烧制之前，可以根据需要重新修磨一下边缘。

硬泥板

到目前为止，本书中的所有泥板项目都要求使用软泥板。软泥板构造中的许多相同步骤也适用于硬泥板构造。然而，这里有几个重要的必须考虑的因素，可以帮助避免开裂或变形。我建议在转到硬泥板之前先掌握好软泥板，这两类创作形式是可以很好地协同工作。

硬泥板成型就是利用黏土在一个介于可用和干燥之间的小窗口期的操作。掌握了这一点，就有可能创造出具有非常干净利落的角度和形状，这些形状比本书中的其他项目要严格得多。硬泥板成型是手工成型中一种非常通用的方式，同时，这也是一种可以拓展到雕塑领域的技能。这是一种解放性的成型方法，同时也是一项技术挑战，必须了解连接点和刮痕的重要性。仔细考虑泥坯本身也是必不可少的。如果你选用的黏土比较挑剔，它更需要百般呵护。我会推荐一种黏土，它在泥坯阶段强度很高，并具有手工成型需要的柔韧性，非常适合手工制作。

硬泥板提示

在本节中，我将概述使用硬泥板构建的重要步骤，无论你选择的形状或模板是什么样的，都有指导意义。

首先，泥板的准备工作是非常重要的。在黏土准备好时使用它，掌握黏土可加工性是否达到最大极限是至关重要的。至少准备两块或三块泥板（取决于你制作的泥板的大小和项目的大小），让它们干到适当的坚固程度：硬，但有一定的弹性。这很难用文字或图片来解释，但你可以弯曲泥板的一角作为测试。如果它能折叠起来，就太软了。如果它弯曲了一半，然后断了，那就是对的。

切割硬板时，无论是使用模型还是自由形式切割，都要使用锋利的刀片进行切割，并在与其他硬泥板连接的边缘进行斜切。泥板上的斜角需要与泥壁底部的斜角相匹配，泥壁侧面的斜角需要与相邻泥壁上的斜角相匹配（图①）。虽然你想更高效地切割泥板，但同时为一个项目切割所有的部件是不现实的。这些形状不会像现成的拼图一样组合得很完美。你可以一次切割多个工件，但一定要留出空间为倒角进行调整。

一开始，斜角可能会让人困惑，所以一次只关注一块泥板和一个连接是很有帮助的。留下一点额外的黏土做辅助。斜切失误是常有的，掌握这项技术需要一段时间的练习。另外，增加连接点的表面积有利于倒角粘连，但是在连接两个硬泥板之前，你仍然需要在一侧进行大量的刻痕和充分的湿润。

在泥壁之间以及泥壁和底板之间的每个连接处，添加一个小的软泥条。压紧它，先用指尖，然后用一根直角刮片（图②③）。这将有助于加固连接。注意只使用少量黏土填充接缝，不要在接缝的顶部添加一个大泥条，这反而可能导致开裂。

如果需要倾斜连接，这意味着泥壁和泥板之间的内部不是直角，这个可以在整个泥壁完成后创

建。如加入一条更大的泥条，在连接的地方划线，并用一个圆边的刮片将拐角压好（图④）。

完成所有的连接之后，把造型放在塑料板上等待这些连接变得更加坚固，同时整个部件达到一个稳定的状态。轻轻喷上一些水后，包好，放在一边静置 12～24 小时。第二天开始后续的工作。

带盖的硬泥板盒

为了掌握硬泥板的窍门，让我们一起完成一个简单的长方体盒子。带盖的盒子是进入硬泥板成型领域的第一项目，这种手工成型方法让我深深着迷。无论你选择的是更小、更大或更复杂形状的盒子，这个项目中最重要的是接缝，压紧是关键。

工具和材料

2000~3000g黏土，制备如下：

泥板1：18×18×0.7（cm），底板用（半干状态）

泥板2和3：13×53×0.7（cm），壁板用（半干状态）

泥板4：18×18×0.7（cm），盖用（柔软）

模版（第195页）

基本工具包（第23页）

切割/测量棒或尺

砂纸

制作步骤

准备好泥板并等待正确的状态（除了盖子外，所有的泥板都是硬泥板）。开始组装前，先将底板的外缘斜切。在底板上做标记也是个好主意，这将有助于提示在哪里以及如何切割侧泥壁。接下来围绕长方体切割、斜切和固定泥壁。

把大泥板切成可以轻松处理的尺寸，然后将一个剖面留在泥板上，再裁切第一个泥壁截面以匹配底板。在每一面都留一点多余的部分，因为不仅要斜切连接到底泥板壁的边缘，还要斜切连接到其他泥壁的边缘。把所有的斜边都划好、打湿后，将其固定到底

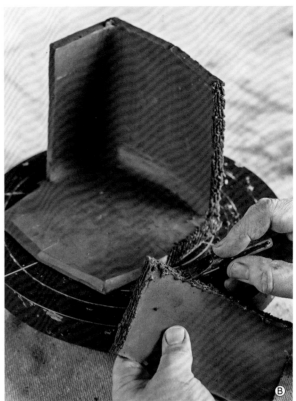

板上的斜边，然后将壁板固定到底板上（图 A）。

以相同的方式剪切倒角和固定第二面泥壁，确保一侧的斜边与第一面壁板的斜边匹配。将第二面壁板与底板和第一面壁板连接好，对所有固定面进行划痕处理，并湿润每个连接面的一侧（图 B）。继续逐个固定其余的壁板，各泥板连接得越紧密，越有助于盒子结构的牢固（图 C）。

根据黏土的硬度，你可以选择包裹好后等待，或者参考 119 页加牢接缝。

壁板的高度有一些变化是很正常的。如果泥板足够坚固且连接牢固，则用刮擦刀来调整泥壁的高度（图 D）。如果泥板太软或感觉太脆弱，使用手工刀把泥壁均匀的切割平整。拿出尺子，在造型周围画一条线，这样就不会切割偏移。

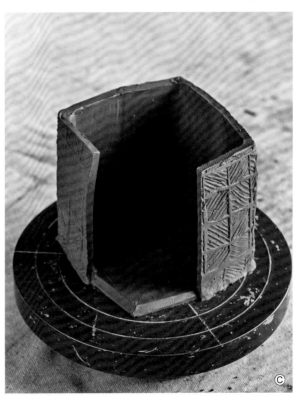

等盒子达到半干状态，并且保证泥壁高度相同的情况下，取出顶部的软泥板，轻轻地覆盖在盒子的顶部。通过给泥板加压或将泥板弯曲到盒子里，形成一条轻微的凹面（图E）。用塑料膜包好，盒子和覆盖板维持这个状态等待一晚。这样有助于状态平衡。

第二天去掉塑料膜，等顶部泥板准备好再处理。当你拿起它时，泥板足够坚固且不形变，便可轻轻地从盒子上取下。

把盖子倒过来放在盒子上，用针形工具在外泥壁碰到盖子的地方做标记。把盖子取下，在刚刚做的记号周围用刮痕工具打毛（图F），然后把盖子放在一边。泥壁顶部同样打毛，打湿，再盖上盖子。用一个木板轻轻地压紧盒子四周（图G）。

要测试附件是否牢固，可以小心地拿着盖的外沿提起。看是否掉下来。如果是，重新打湿，重新连接。等顶部固定好，把悬垂在壁外的黏土

切掉。刚才做的盖子和盒子成为一个整体。按压和修整四个边，最后使用纹理工具完全抹平接缝（图H）。

你可能已经注意到，作品是一个完全封闭的没有开口的盒子。

用尺子在造型的四周标出盖子的位置。一般是离顶部至少2~3cm。用一把锋利的刀或其他切割工具，直接切出一个顶盖（图I）。

备注：从泥壁中间开始切割，而不是从角落开始。平面比转角处更容易操作。

在取下盖子之前，在盖子和盒子上做一个小切口，以提醒自己它们是如何组合在一起的。完成了这个盒子的构造后，清除这些标记。现在把盖子取下。

清理盖子的内部接缝，我用木刀直角一端压

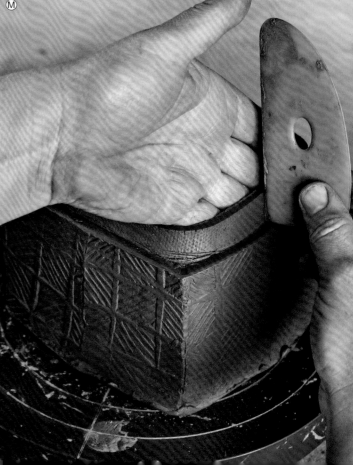

侧以支撑里面施加的压力，确保盒身不变形。

用手或者木刀修整内部连接处。密切注意子口拐角和接缝，因为这是作品最容易开裂的地方。我喜欢把软泥条（子口）按压在内壁上，并且完全消除接缝。

现在处理泥壁和子口的连接外侧。使用带直角的刮片，在子口和泥壁相交处压紧（图M）。使子口逐渐变细，并朝向造型内部倾斜。这将有助于确保盖子在子口上滑动。修整子口，子口高出外壁约0.7cm足够了，其余全部切除（图N）。没有必要有一个过高的子口，否则，会增加盖子固定不好的可能性和破裂的风险。最后去除子口的尖角。如果是半干状态的，用砂纸打磨子口边缘。

测试盖子是否合适：轻轻地把盖子盖上，确保槽口对齐。如果你感觉到阻力，检查一下零件的位置，调整形状或清理掉多余的黏土。黏土处于半干状态时，对盒子进行小的调整还是很容易的。

最好给你的盒子做一个锁，类似一个标记，显示哪一边是前面。我通常用上釉的方式，但也有很多其他方法可以给盒子做标记，比如简单地添加一些装饰元素。

现在做足。揉一个大约2.5cm厚、10cm长的泥条，然后把它切成四个相等的部分。把它们捏成一个金字塔形状，这也是最后足的大致形状。用测量棒或类似的工具将角嵌进足中（图O）。取下盒子的盖子，把盒子翻过来，把足粘在四个角上。注意此时盒子的子口应足够坚固以支撑盒子，同时，盒子也有足够的硬度，不至于变形。必要时，可以将盒子放在软泡沫上。按照以前的操作、打毛、打湿接触面，保证足与盒子牢固地粘连，

紧拐角接缝，但要根据泥壁的厚度确定需要清理的程度，也可以用小泥条回填接缝（图J）。添加泥条时要小心谨慎，注意占用的空间（未来盒身有子口，子口也会占用空间）。用手指轻轻地在盖子外侧边缘形成一条小的卷边（图K）。用弓形割泥线把盖子内壁的尖角切掉。然后把盖子放在一边。

准备子口，用尺子作为向导，从一个准备好的软泥板上切割下一条大约2.5cm宽，长足以包围盒子的泥条。厚度应该和泥壁差不多厚或者稍微薄一点。在泥条上做个记号，打毛打湿1/2。在盒子内壁的顶部向下1.5cm处画线。将软泥条固定到泥壁内侧。从泥壁中间开始连接，然后使用手指固定按压（图L）。再次固定时注意用另一只手在盒子外

并能足够撑得起盒子。根据需要给足塑形，然后使用弓形割泥线和测量棒均匀地切割足（图 P）。清理足，用手指软化任何锋利的边缘。等足达到半干状态后再把盒子翻过来。

　　盖上盖子，让盒子慢慢地变干。定期检查以确保盖子容易打开。如果需要，使用砂纸调整。重要的是，盒子和盖子是一起干燥和烧制，如果分开烧制，这些形状可能会朝不同的方向变化，不再能够完美地合在一起。但是在上釉时要注意盒子和盖子不要一起上釉，以免它们粘在一起。

模具

在手工制作的世界里，艺术家们经常用模具来制作他们的作品。模具的材质很多样，大多数工作室使用石膏、黏土和木头模具。模具可以是简单的，也可以是非常复杂的，可以是临时的（例如纸制），也可以是永久的。

使用模具是造型多样化和分段组合制作的一种很好的方式。它们可以作为大型项目的基础形状，再通过添加泥板或泥条来创造更复杂的造型。随着作品样式的丰富和手工技能的提高，把模具作为备用，可以帮助你完成更复杂的设计。

印坯模具

　　印坯压模模具，可以将软的黏土直接压入其中以获得规定形状或纹理的模型。大型模具通常是工作室的共享工具。虽然如何制作大型模具超出了这本书的范围，但你可以很容易地为装饰制作小型的印坯模具，这些模具可以便利造型的中小装饰元素的添加。

工具和材料

500～1000g 黏土

基本工具包（第23页）

一些模具

印坯的步骤

做一块泥板，然后切割，尺寸稍大于模具。泥板的厚度如果是 1 ~ 1.5cm，这样印模后至少有 0.7 ~ 1.3cm。

在湿泥板上压印，轻轻拍打。注意避免所有锋利的边缘，以免伤及自己，同时防止对模具造成缺口。等待泥板干燥，然后素烧。

凸形（包裹式和覆盖式）模具

包裹式模具是最常用于制作杯子的方法之一。适用于各种几何形状，特别是制作小一点的或成套的作品。用湿软或半干状态的黏土，可以很容易地操作。先用泥板包裹住模具，然后处理接缝，稍微干燥一些，取出模具，完成制作（图A）。

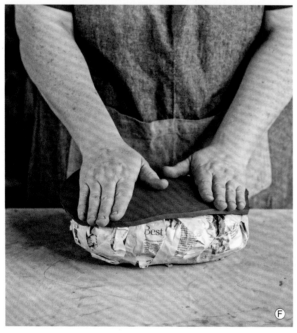

覆盖式模具也是凸形模具之一，将泥板覆盖在模具之上，没有接缝需要处理。使用覆盖式凸形模具的一个优点是可以很容易地添加足或把手。一般工作室的工具架子上，会用很多这类的石膏模具。制作非常简单，在模具顶部覆盖一块泥板，根据需要裁切泥板，将足或把手压（粘）在模具上形成一个牢固的附件，稍干燥一些，取出模具（图 B、C、D）。

如果没有石膏模具怎么办？很简单，尝试用报纸和胶带自作一个临时模具。

如果你没有石膏模具，或者你想在用石膏制作模具之前测试一下形状，那就做一个临时模具。做一次性凸形模具最快的方法是使用纸和胶带。我非常喜欢这个方法，因为这常常可以产生一些有趣又自然的形状。石膏模具中模具的弯曲程度非常重要，这也是最难把握的地方。例如，如果你正在制作一个盘子，那么在开始的时候测量出盘子的曲线是很难的。所以，在正式制作之前，最好先做一些纸模具，以便寻找到你认为最符合自己审美要求的形状。

先把报纸揉成团。这些纸团将作为模具中心的填充物。开始慢慢地用胶带把报纸粘在一起，用更多的纸继续包裹，直到用纸团捏出所要的形状（图 E）。请注意，纸张应密实，既能吸收黏土的水分，又能承受黏土的重量。

把泥板覆盖在上面，看看你得到什么形状，再修改和调整模具（图 F）。当你对临时报纸模具感到满意时，用黏土复制它的形状。用刮片完善外形，等到半干状态掏空，留下 0.7～1.5cm 厚。经过素烧可以得到一个可以重复使用的满意模具。

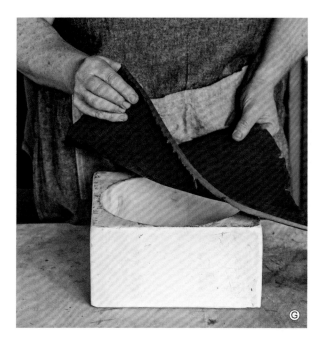

凹形模具

　　凹形模具与凸形模具相反：这是一种凹形内嵌式的模具，黏土被压进去（图 G）。与凸形模具一样，将泥板覆盖到凹形石膏模具表面，操作也相对容易。我经常使用一袋沙子代替手，在泥板上施加压力，使表面受力均匀，而又不留下指纹（图 H）。有关使用凹形模具制作案例请参阅第 135 页。

　　凹形模具的一大优点是不必担心收缩。虽然和凸形模具看似没有太大的差别，但是因为泥板受力的方式不同，即模具支持黏土的方式不同，使得这种模具的泥坯更不容易出现裂缝。你还可以用不同的技巧在模具内部做出造型，也可以用凹形模具和泥条盘筑的方法来制作一个罐子。

石膏模具的浇筑

　　用石膏制作模具是学习模具和造型的好方法。如果能上一次模具成型的课程，你一定能获得有用的新模具。然而注浆成型却没这么容易，它更需要你的想象和设计，而且在技术上更具有挑战性。如果你对注浆成型感兴趣，可以先试验印坯，先用较简单的方式测试你的想法。关于石膏模具的注浆成型，可以参加一次专门介绍这一工艺流程的课程。在一个共享的工作室里制作石膏模具是很麻烦的，所以，更多时候，我更愿意用黏土制作素烧模具，尤其是当我还在构思的阶段，这是一个简单且非常容易操作的方式。

凯特·莫里 | 使用模具
Kate Maury

你是如何从黏土开始的？

我在艾奥瓦州上大学期间，克拉里·伊利安教授正好接替了另一位教授的课程。我当时正在学习如何使用拉坯机，希望通过对实用器物的研究来更多地学习。伊利安教授向我推荐了堪萨斯城市艺术学院的课程。我申请了这个项目。一切都很艰难，也很有挑战性，必须全力以赴，我称之为黏土课程的新手训练营。但完成这个项目的学习后，我已经为以后的研究生课程做好了充分的准备。

你在当前作品中是如何使用模具的？

我把业余用的工艺模具进行了重新利用，传统注浆成型中使用的小部件模具，还有高浮雕的模具，让我在构建小型作品或较大的手工作品时，可以快速制作出各种形状的造型。我喜欢在一个造型上重复装饰图案，创造韵律，并通过小部件构建表面的装饰。形状与表面之间的动态语言很容易实现，小部件可以造成视觉的密度、分布与多种纹理效果。我经常压制几十根小部件，然后把它们存放在潮湿的盒子里，随时可以把它们组装起来。由于储存了大量这样的部件，我可以很容易制作重复的图案、勾勒曲线或对作品表面的空间即兴创作。

你是如何开始这类创作的？

当我决定从拉坯改为手工制作时，当地一家黏土公司的朋友让我接触到业余的工艺石膏模具。我只是简单地用这些模具进行即兴创作，寻找一条急

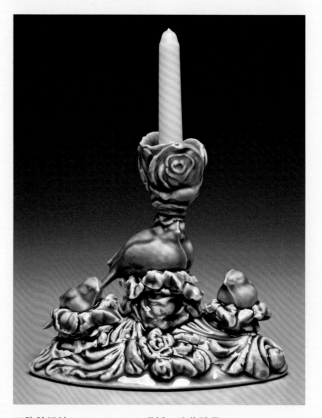

双胞胎姐妹 \ Kate Maury \ 泥板、注浆模具

需的新途径来处理我的作品。起初，当我意识到一个圣诞老人的胡须模型可以用于制作在蜡烛台的部件时，我忍不住笑了，这有点戏剧性。我的新作品一经展出，人们就开始把各种各样的模具送到我的工作室。这种新的工作方法是来源于乐于改变、积极接受和利用我所能得到的。因为收到捐赠的模具现在堆积如山，使得我很少自己制作模具。

甜点盘 \ Kate Maury \ 泥板和小部件

糖果碗 \ Kate Maury \ 泥板和小部件

贝壳灌木 \ Kate Maury \ 泥板、注浆和小部件

你使用模具有什么经验或技巧？

不要简单地把模具看作是它在注浆时能产生的物体，而是要考虑它在肌理、图案和形状方面的潜力。曲线可以在造型上产生动感，而各种形状和造型又可以组成静态的背景。寻找具有高浮雕或中等浮雕及带有动态曲线和肌理的模具。这些是最容易产生视觉冲击力的，因为它们可以在不失去清晰度的状态下创造出生动的表面，高浮雕小部件在上釉时比低浮雕的视觉效果更佳突出，釉层堆积的效果非常好。

麋鹿烛台 \ Kate Maury \ 泥板、注浆和小部件

冠鸟烛台 \ Kate Maury \ 泥板和小部件

在制作过程中，要注意装饰小部件的厚度，它们的柔韧性如何，用刀片修剪它们，这样它们看起来就不会像切出来的饼干块。建议为小部件准备一些潮湿的盒子，我用的是一个塑料容器，上面有一个盖子，底部有一块潮湿的石膏板。我发现这是储存装饰小部件，方便将来使用的最好方法。

你从中积累了什么重要的经验？

顺势而为！在制作过程中要学会接受未知。如果你对结果一直有预想，只接受"好"或"坏"的狭窄范围，那么制作过程将是一个可怕的经历。要了解工艺过程并享受这种乐趣。如果我不喜欢这个过程，我知道是时候改变这个工艺流程了。曾经我的老师建议我在工作时设计一个开放式的结果，这样创作就可以继续下去而不被结果判断左右。我花了好几年才明白如何将这个概念运用到我的艺术创作实践中。

牡蛎烛台 \ Kate Maury \ 泥板和小部件

凹形模具制盘

    盘子是适合探索表面纹样和形状细微变化的奇妙器物。这个项目中的盘子非常适合盛放三明治，我喜欢这些盘子，它们制作起来很有趣，使用方便，放在柜子也不占地方。即使在做小盘子的时候，也要记住黏土是有记忆的。

工具与材料

1 000～1 500g 黏土，制备如下：

    泥板：23×23×0.7（cm）做盘身

    泥条

模板（第 196 页）

基本工具包（第 23 页）

纹理工具 / 转盘（可选）

准备好泥板，如果需要的话，在一面（盘面）加上纹理。用模板切割出盘子的形状（图 A）。泥板要切割得比模板稍大一些。

捏一个大约 1.3cm 粗的泥条，圈成圈，长度可以完全包围整个盘子的边缘。把它放在桌板上，当作下一步模板去引导的形状（图 B）。

泥条最终将作为盘子的凹陷模具。向下压实泥条的同时，给泥条塑性，外侧面是垂直的，内侧面向中间有一个轻微的弧度，用刮片多做几次修整角度（图 C），这个内侧面弧度很重要。

轻轻地提起之前准备好的泥板，并将其覆盖在泥条塑造的凹形模具上。使用拍压工具，如布包裹的小沙袋，轻轻地拍打泥板，因为这样可以保持泥

板表面的肌理，不至于因受力而变形（图 D）。注意保持期望的形状，让盘子达到半干状态。

等盘子变干，且在处理时不会变形时，从凹陷模具中取出盘子（图 E）。注意用手支撑，同时温柔地抹去所有锋利的边缘；使用刮片或类似工具优化盘子底部的曲线，确保线条圆润。修整边沿，把足部的处理留在最后。

添加足时先把盘子翻到一块软泡沫或另一个能提供温和支撑的表面上。在盘子底部轻轻画出足的形状。可以使用模板或手绘草图进行此操作。一旦足部被画出来，做一个泥条，长度可以环绕足部整个圆周。泥条的尺寸应该与盘子大小相适应：较大的盘子需要更大的且通常更厚的泥条（足安装在

盘子上不仅是为了支撑，也是为了视觉上的平衡）。

在盘子底部和泥条上都划上记号、打毛，把泥条打湿，然后把它粘在盘子底上。握住泥条，从一端开始，将泥条一点点按压在盘子的底部。继续将泥条绕在盘子上，然后在泥条的两端接合处进行划线和粘连。最后清理接缝线，从里到外，塑造足的形状（图F）。

用一把锋利的刀或弓形割泥线把足切出均匀的高度，然后用软皮或海绵处理成光滑的足（图G）。如果用湿海绵或软皮把足打湿，这需要额外的时间等待足部干燥。在翻转盘子之前，要等到足部足够坚固，以免变形或留下痕迹。把盘子翻过来放置好，再次检查盘子底部的平衡和足的平整度，并根据需要进行调整。

凸形模具制盘

用凸形覆盖式模具制作的盘子有一种自然和微妙的感觉。这个方式制作盘子和前一个项目的凹形模具制盘正好是相反的，有时候看似最简单的事情并非容易掌握。当你做这个项目时，造型是很重要的。你需要考虑盘子与桌子接触的面积，盘子弯曲的弧度以及泥板的厚度和坚固程度。了解这些因素将有助于这个盘子的成功。我建议是多做几个这样的盘子，寻找最佳的经验值。

工具和材料

1500~2000g 黏土，制备如下：

　　泥板：30×30×0.7（cm）

模板（第196页）

基本工具包（第23页）

纹理工具/转盘（可选）

制作步骤

如第130页所述，自制一个临时纸模具。这个项目的目标是一个稍大的椭圆形盘子，模具需要比目标尺寸要大。同时考虑盘子深度在2~3cm，是盘子不是碗，不需要太深，所以弯曲弧度是关键。

准备好泥板，如果需要，可以将肌理应用于一面（可以顶面也可以是底面）。以模具为参照，切割出一块适合模具的泥板，把泥板盖在模具上。根据模具形状和泥板的尺寸，进一步修剪泥板，把它切割得比目标盘子的形状稍大一点。用刮片或木板轻轻地在泥板上拍打，然后让其保持这个形状直到半干状态（图A）。

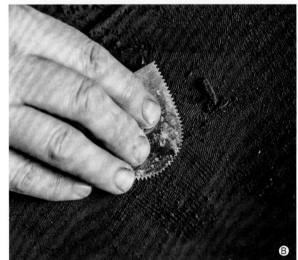

在完成盘子底部之前，可能需要去除报纸（自制模具）在泥板上留下的痕迹。我一般用刮片来去除这些痕迹，如果有很深的褶纹，可用锯齿状的刮片（图 B）。最后处理盘子的边沿。

这个盘子底部是不加足的。在粗糙的桌面或地板上轻轻地摩擦盘子底部，再把盘子翻过来，这样可以清楚看到盘子与桌面的接触位置。翻转盘子，用一只手从内侧支撑盘子，另一只手打磨之前留下痕迹的接触面，增加盘子接触桌面的表面积。我的经验是足印的直径大约是盘子的直径的 1/3。如果需要移除更多黏土，也可以使用刮擦刀，但是要小心不要一次刨下太多，防止穿通盘底，前功尽弃。重复这个动作，直到盘底有足够大的足印（图 C）。最后用刮片除去刮擦刀留下的痕迹。

用塑料布轻轻地覆盖，让盘子慢慢晾干。干燥的时候检查一下，确保它没有变形，足部保持从前一致的尺寸。

欣赏

云茶壶 \ Sam Chung \ 泥板成型

叠层盘 \ Chandra DeBuse \ 泥板成型

妙语 \ Rain Harris \ 泥板成型、印坯

打字机 \ Chris Dufala \ 印坯、挤压成型

盒子 \ Mike Helke \ 硬泥板成型

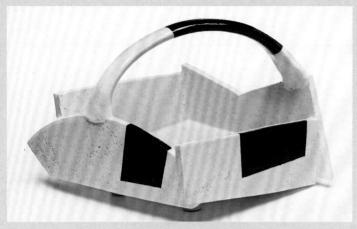

托盘 \ Mike Helke \ 硬泥板成型

嵌套碗 \ Joe Pintz \ 素烧模具泥板成型

雪佛龙的盒子 \ Joe Pintz \ 手工成型、化妆土

花形椒盐套装 \ Liz Slot Summerfield \ 泥板成型

奶油花盘 \ Liz Slot Summerfield \
泥板成型

图片由艺术家提供

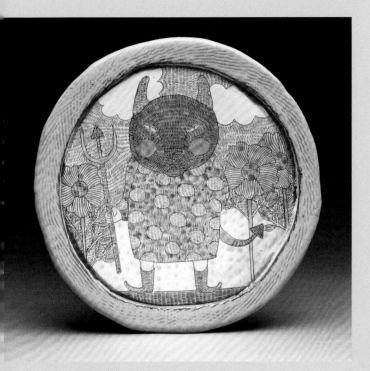

魔鬼猫盘子 \ Shoko Teruyama \ 泥板成型

调色板 \ Holly Walker \ 泥条盘筑和泥板成型

铁罐 \ Holly Walker \ 泥条盘筑和泥板成型

变形 \ Anne Currier \ 泥板成型

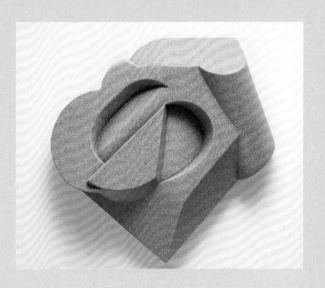

第五章

思考创作内容

对于初学者，甚至是中级陶艺者来说，花大量时间发展技能并将创造主题推到次要位置是很正常的。部分原因可能是因为陶瓷有太多新的技能需要开发。在工作室很容易一直忙碌而缺乏思考。然而，缺乏创意经常是出于另一个原因：许多人不知道从哪里开始，或者说不知道要创作什么。

我知道你们中的一些人会说："我没有足够熟练的技巧来进行概念性的思考。"我不同意。与大多数技能一样，内容的研发需要实践。你投入多少时间，投入多少精力在实践中有很大的不同。同样，推迟概念性工作最终会导致不平衡。制作技巧会超过你研发内容的能力，这可能会导致更大的问题。

作为一名艺术家，学习如何在这个概念空间中找到正确方法，并开发出自己想表达的内容是你工作的重要部分之一。思考创作内容将是一个意义非凡的陶瓷之旅，满足和挑战技能以外的内容和思想建设。制作原创作品而不是从网上复制别人的图片才是一种令人惊喜的成就。一个表达你的想法并与之建立关系的形式才是最终目标。所以从小事做起，勇敢一点，没有人一开始就有世界上最伟大的创意。我们都会跌跌撞撞，从无到有。

我最喜欢的口头禅是"进步胜过完美"。希望你认真阅读这一章，千万不要跳过它！

从内容开始探索

在我们的文化中，我们倾向于让艺术看起来有异于日常生活。有些人认为需要获得特殊的学历来理解艺术。的确，经过多年的教育和无数次的博物馆之旅，我能回忆起很多次我被艺术迷住或获得精神上的感动的往事。然而，即使你从未上过艺术院校，或者第一次去博物馆，你也会以同样的方式被一件艺术作品所感动。为什么会这样？

我的观点是成功的艺术品可以抓住你的心或思想，因为它们和你产生交流。不论你是否喜欢这个信息，但你与那件艺术品正发生关联。另一方面，不成功的艺术品是你可以直接忽略的，因为创作者无法与观看者产生共鸣。

作为一个陶瓷艺术家，作品的内涵是最终决定你与观众之间是否产生共鸣的原因。正如在本书的其他章节中开发技术和技能一样，我相信，作为一个创作者，你还必须考虑到将要创造的对象。本章包含了探索这个概念的想法，它们无疑会引导你走上许多不同的道路。

寻找灵感

从内容和内涵开始，没有适用一切的解决方案。要挑选感兴趣的东西，然后确定它与作品有什么关系。这种类型的灵感的获得似乎时难时易。灵感的迸发数量有时多得让人无法抗拒，但也有时候，似乎没有什么能启发你。

所以第一步可以尝试问自己一些有意义的问题："我容易被什么吸引？我最喜欢的物品是什么？我最关注哪种类型的艺术？最近的时事新闻有什么？我的价值观是什么？"如果你已经对某件事特别有激情，可以按照这些兴趣思路来做，也可以分享你的想法，和朋友谈谈学到的东西，并把它写在笔记本上。

如果没什么能立马唤起你的灵感怎么办？别担心，这很正常。一种快速启动这个过程的方法是拍照。以前我曾建议学生们买一台相机，随时拍下吸引他们眼球的东西，是一个有点激进的想法。现在我们都有了可以当照相机的手机。用手机（或相机）捕捉一切，建立灵感的形象库。为不同类型的图像创建文件夹，或者以多种方式打印和整理它们。这是一个很好的开始，然后慢慢地缩小你的灵感范围，选择你想在作品中反映的东西，并不是一个很困难的飞跃。

如果在几个月的时间里，你发现有 25～50 张相似的照片，那就可以开始深入研究吸引你的形式或表现。为什么会被这个物体吸引？它唤起了什么情绪？通过这种思考方式开发出感兴趣的主题，这是我创作新内容的方法，现在仍然这样做，作为我创造性实践的一部分。

如何将这种灵感转化为自己的作品？这是我无法为你回答的事情，答案取决于你的想象力。你

当我对某种形式或表面（左）产生了一种小小痴迷，最终会与我的作品（右）有了微妙的关系

餐车和午餐盒成为有盖罐子和盒子的灵感来源　　手柄的灵感来源，它们无处不在

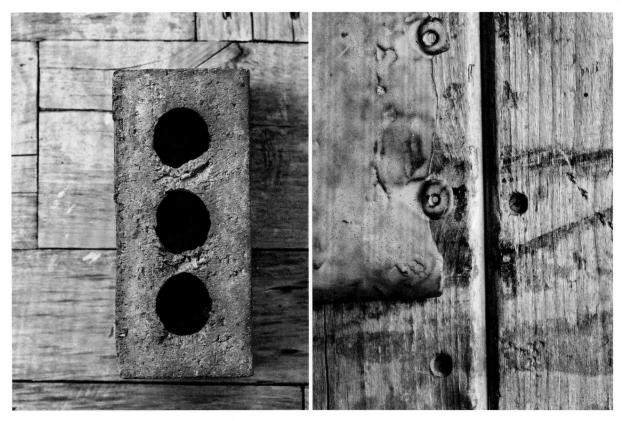

关注物体的表面是探寻自己的釉色和表面肌理的一个重要部分，找到能为你点燃火花的东西，无论是颜色还是质地，都能帮助你为创作设定一个明确的目标

受到季节变化的启发，夏天需要茶壶和冰激凌碗，冬天意味着砂锅和马克杯，我用花苞形状的花瓶迎接春天

必须像翻译一样工作，从外界搜集信息，然后用自己的语言进行过滤。专注于这个交流者的角色，是灵感的直译。例如，如果对铲子感兴趣，就尝试做一把铲子。这听起来容易，但往往不像看上去那么简单。还有一种方式可以解释为编译图像，定义它们中是什么强烈吸引你。这可以是一种感觉或一种表情。你通常需要做一些工作来定义这些联系是什么，以及将它们融入自己的创作中。尝试两种思考方法，哪种会感到更舒服或更具挑战性。请记住，要找到一个核心的想法，就必须对它进行探索。即使第一次尝试可能会失败，再试一试！

参见 147 和 148 页，看看这些启发性的照片是如何转化到我的作品中去的。

设定目标

确定目标与寻找灵感一样重要。我第一次听到这句话是在一个陶艺家的工作室里。不过如果你喜欢瑜伽，这听起来可能很熟悉：设定目标就是让自己行动起来，从而实现目标。

这里最重要的部分是要明确地设定目标。从一个太大的概念开始容易让你一事无成。例如，"我想做一些与环境有关的作品。"好吧，但是什么环境？你童年的环境？还是雨林？你是如何创作关于雨林的作品？这些都是巨大的概念，缺乏可操作的空间或目标。

备注： 一个简单的开始方法是挑选三个你想让作品体现出来的特征。这需要一些时间，甚至可能需要写几页对你有意义的话。一旦你缩小到三个最

好的词，把这些词放在工作室的某个地方，每天工作时都能看到它们。阅读它们，思考它们，然后努力工作。别试着造句。相反，要让词语背后的概念和理解成为思考的一部分。

如果你和你的作品摆在我面前，我会要求你说得更具体些。作品的主题与你有什么关系？你想让我和观众，对这幅作品有什么理解（不看艺术家的声明）？连接情感的内容是什么？你是否用同样的情感内容与观众沟通？这部作品能唤起你想要的情感吗？

有时我们自己无法回答这些问题，特别是如果我们已经为一个作品工作了几天、几个月或几年。然而，确定潜在的情感或想法是你工作的基础（这就是你要追寻的清晰目标），这也将把我们带到下一个阶段，与观众建立联系并获得反馈。

与观众产生共鸣／获得真诚的反馈

作品是为自己创作的，也是为观众创作的。也就是说，当你开始评估作品信息的有效性时，考虑观众的感受是很有用的。问问自己：遇见你作品的人"明白"了吗？

备注： 作为制作者，我常常有与观众分享我们作品的冲动，并希望与他们建立联系。在某些情况下，当你正在做的工作是为改变人们或试图让人们思考一个主题时，预先确定你的观众是谁可能是更重要的。

（转 154 页）

速写本的重要性

在这个世界上，没有什么比一本空的速写本更能让一个艺术家望而却步。感觉自己没有好创意，或者有一本速写本一页一页地画着，但一页又一页都是不满意的草图，这是每个人在开始时都会经历的事情。但是别放弃，这个尝试真的很重要，因为当真有好的创意时，你才有把它们记录下来的可能。

即使工作中有了新的想法，我经常不能在项目的中途停下来做一个新的造型或者改变造型来适应新的想法。在这些时刻，一本速写本可以帮助我记下未来工作的想法，这样就可以专注于手头的项目了。如果没有速写本，那些新的想法可能会转瞬即逝！

速写有帮助的其他原因是，当你习惯速写的时候，从合作或者从更有经验的创作者那里得到建议就容易多了。当学生告诉我他们想创作什么，如果我不理解他们到底想表达什么，我通常需要他们画出这些的想法，以便我可以帮助他们规划。速写也

可以很好地记录自己思维变化的过程。我经常看几年前的速写本，当我翻阅它们时，我能发现我当时没有意识到的进步。

我知道许多有天赋的插图画家在网上分享他们的日常写生实践。我们可能达不到他们那样的熟练程度。我的笔记本不漂亮，那也不是我的目标；但上面记录了我每天需要完成的事情的日常笔记，我想重温的形态速写，甚至是参加过的讲座笔记，这才是最宝贵的。在每个页面和条目上注明日期，并随身携带。这样，如果我发现自己有空余时间，就可以随时写下一个想法或记录一个涂鸦式的手稿。

开始使用笔记本的时候，我也没有想过笔记本上会写满这些东西（因为我以为会是一些更迷人的东西）。但我认为我的笔记本是成功的，因为它们不是空白的，而且对我的工作很有用。简而言之，找到适合你的方法，让它变得有趣，让它成为一种习惯。不要被这些空页吓到，试着去填满它们。

彼得 · 克里斯蒂安 · 约翰逊 | 计算机建模
Peter Christian Johnson

你是如何从黏土开始创作的？

我主修理科，在我的学业接近尾声时偶然进入了艺术领域。学习拉坯的挑战让我很兴奋，我被技能发展的可量化特性所吸引。它高吗？它薄吗？曲线更好吗？底足干净吗？这种结构和对技术的关注符合我的学科背景和手工经验。当然，我很快就了解到，技能的发展会让你走得更远。

你喜欢制作什么样的造型？为什么？

在过去的十年里，我更加关注建筑和工业形式，一直在努力更好地理解它们。简单的原因可能是当我还是个孩子的时候，我就看着父亲亲手建造很多东西，包括我的家。后来我十几岁时候，开始在他的小建筑公司工作，建筑是从小到大都在接触的元素。更复杂的答案，我想是因为，建设是一门跨越工程和人文意义的学科，其本身的复杂性吸引了我，建筑和陶瓷的融合，更加刺激了我创作兴趣和灵感。一个建筑模型，从设计到建造，然后可能会轰然倒塌，甚至我觉得建筑物暗示了我的作品就存在破碎的美感。

你开发新作品的流程是什么？需要怎样的计划和准备？您如何使用计算机建模？

最近的作品是哥特式大教堂。我花了大量时间寻找历史图片，研究原始建筑是如何建造的，了解建筑内每个区域的象征意义，并了解完成建造任务需要多少人等。然后我用电脑模拟出教堂的抽象版

塑料容器里的装配零件

本，把历史蓝图作为参考。对我来说很重要的一点是，我没有创作出原作的微缩版本，而是创作了一个引用了其来源的雕塑。计算机建模过程为我提供了许多有利条件。首先，它让我能够解决如何实际建造雕塑的问题。我试着在计算机上模拟它，以接近我在工作室里建造它的方式，通常这会显露出我需要解决的问题，以便用陶土制作它时可以提前避免一些问题。第二，电脑允许我在虚拟空间里旋转模型，让我更好地评判它的形式属性，在我开始建造雕塑之前判断雕塑的全方位视角。最后，它允许我测量模型中的模块，并打印有助于构造过程的纸质蓝图。

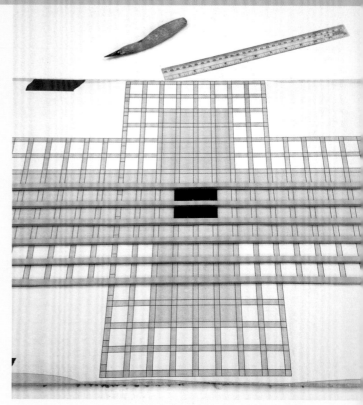

小的零件和零件的组装，每件之间用少量泥浆连接　　　　使用蓝图来构建

你能谈谈你是如何用多个零件构建造型的吗？

我一直在用挤泥机来制作雕塑的组成部分，并制作了一些模具，以协助这一过程。我曾对用挤压机制作的品持作怀疑态度，不得不说服自己使用它（20世纪90年代，陶瓷杂志上充斥着糟糕的挤出成型的艺术）。当然，它只是一种可以以多种方式使用的工具而已。总的来说，我认为你不想让你的观众去思考这个东西是怎么做的。如果人们看到特定的作品时会想"哦，那些部分是挤压出来的。"那么你就造成了一种干扰。我用挤压机是因为它是制造我需要的零件的最快和最有效的方法。我最近的作品是由3 000～4 000块零件组成的，我想不出其他的方法来提高组件的效率。但是，如果你在看我的作品的时候想到了挤泥机，那么我可能做错了。

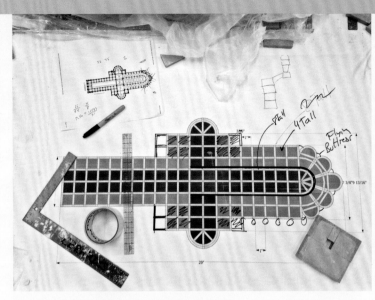

在构建之前绘制蓝图，寻找有可能需要的调整

在蓝图上搭建模型，模型等待初步干燥

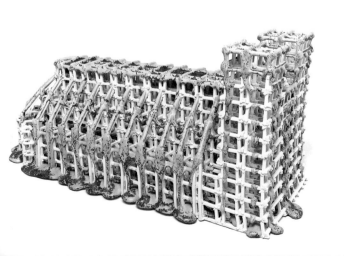

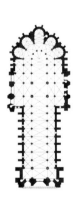
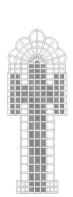
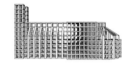

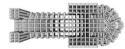

用3D打印模型进行泥土挤出和组装

激光打印蓝图，有时我会把雕塑与蓝图同时展出

获得反馈可能是一个艰难的过程。建议从对自己作品的自我批评开始。但这并不意味着要把你的作品搞砸，或者成为阻碍你进步的障碍。我见过太多人把批评和完美主义混为一谈。有些人做出了周围所有人都喜欢的东西，而他们却因为看到一个缺陷，甚至在完成之前就毁掉了它。客观上的批评和自我否定之间应该有个界限。不要因为做的东西不够好就把它扔掉。技能的培养是一个过程，如果你从来没有完成整个过程，你就永远不会获得那些重要的收尾技巧。注意你在每一个新的造型或过程中所学到的东西，诚实地面对一切失败或成功。

接下来找几个身边的朋友和具有更高专业技能的人，问问他们的看法。只有当你准备好接受批判性的反馈时，才能执行这一步骤。尤其当你用心投入的工作受到批评时，真相很有可能会伤害到你，必须有足够的心理准备去听取别人的意见。在讨论你的作品时，试着更客观、远离创作者的位置，不要防备，学会听、做笔记、收集大家的想法。

保持激情

动力是非常个性化的。当我开始迷恋黏土的时候，我做的第一件事就是参加陶艺课。我很了解自己，知道历史或数学不会让我想起床，在大学期间，玩泥是促使我每天醒来的动力。

如果你开始挣扎着去工作室或者需要被激励才能去工作，问问自己，是什么让你远离？曾经有一位导师的评论说，在工作室外的时间有时比在工作室里的时间更重要。如何激发我们的创造力，恢复我们的能量，重视那些能让我们回到工作室时精神焕发的东西。找到其他的方法来激发你的创造性冲动。拿起速写本，写下你的想法，列出你的清单。当你回到工作室，你就有了一个新的开始！

到工作室后我经常做的第一件事就是称出一黏土球，然后坐下来拉坯。这样做的好处有三个。首先，很快我会得到一个马克杯。其次，它让我马上进入工作的节奏。最后，当我坐在拉坯机前拉出圆柱体时，我开始思考一天的工作。拉坯结束，我的工作计划也想好了。研究一下你自己的仪式，什么让你觉得有趣？什么激发你的冥想？你最喜欢的开始方式是什么？

避开绊脚石

所有这些关于内容研发的讨论，可能会让深陷于技能培养阶段的人失去兴趣，但是主题的研发总归是你下一步应该学习的，以下是学生们经常出现的三种问题：

懒得思考：制作的物理过程对手工艺人来说是如此的诱人，以至于有些人是不愿意花时间在开发内容这个脑力劳动上。

过分挑剔：可能你的内心会说这个想法是愚蠢的，但是随它去吧，追随你的激情！不管是不是"愚蠢的"，你永远不知道去实践会带来什么。

不付诸行动：也许你认为一个想法不错，但它还没有完全形成；或者你有一个很好的主意，但你认为还不具备实现它的技能。这些听起来合理的理由都是借口，事实上，在某些时候你需要尝试一下，这是唯一能让你更接近你想法的一步。

泽梅尔·佩莱德 | 目标与灵感
Zemer Peled

你是如何从黏土开始创作的？

当我 20 岁的时候，我开始接受艺术治疗，治疗师指引我接触黏土和其他材料。这就是我对这些材料产生兴趣的开始，之后我开始上夜校。一年后，我申请去了耶路撒冷的比撒列艺术设计学院。可以说陶艺工作拯救了我的生命和健康。

是什么让你发现了现在使用的创作方法？

我在研究如何在黏土中创造不同的肌理，并专门寻找一种方法来对比黏土的柔软性和形状的锐利性。其中一些灵感来自柔软的羽毛和飘逸的波浪结构。我花了很长时间在工作室里探索和试验，自然而然地对创造出来的从未见过的新肌理产生了兴趣。

你研发新创作方法的过程是什么样的？

这个过程是从黏土开始的，而且并不知道最终结果是什么样的。实验在我的作品研发以及我如何找到新的形式、颜色等方面起着巨大的作用。灵感来自把玩材料和发现新的工作方式。突然间，我看到了一些东西，那一刻激发了一批新作品的灵感。

做调研会画草图吗？

这取决于不同的项目。通常我不画素描，但我会研究一些能启发我的东西。例如，如果一件作品灵感来自大自然，我会去观察它。最近短叶丝兰给我很大的灵感，所以我多次前往国家公园近距离地观察这些植物，并体验它的周围环境。

拱门下（细节）\ Zemer Peled \ 组装

有些作品的灵感则来自有历史故事的陶瓷收藏。我做的最新一个项目中，是直接从周围环境中获得灵感——夏威夷的热带色彩。有些作品是特定地点的，为此我不画草图。比如，我拿着作品，走进这个空间，在那里我可以自由地进行组装。我喜欢在特定的空间和灯光下工作，创造一种无法复制的独特体验。

在你创作的过程中，有什么重要的经验和教训？

我学到的最重要的经验就是持续性，黏土的乐趣来自发现、实践、玩、再发现。

你最喜欢的方法是什么？

我喜欢打破——这是打破和重组的解放行为，非常美丽。这就像一种舞蹈，把细节动作重拼在一起，把所有"碎片"的部分重新组合在一起，创造出一个新的完整的东西。

我走在森林的碎片里 \ Zemer Peled \ 组装

拱门下 \ Zemer Peled \ 组装

无题 \ Zemer Peled \ 组装

所有图片由艺术家提供

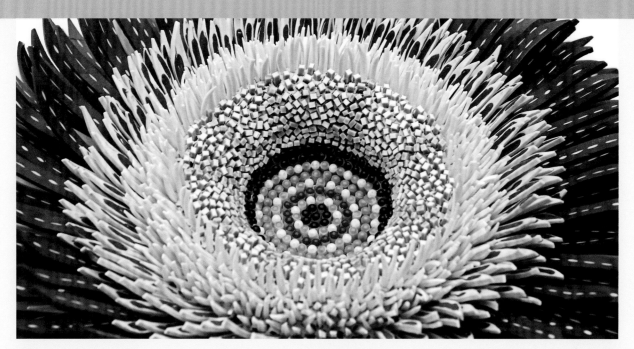

簇拥 \ Zemer Peled \ 组装

繁华 \ Zemer Peled \ 组装

欣赏

餐具系列 \ Ingrid Bathe \
泥条盘筑和手捏成型
图片由 Stacey Cramp 提供

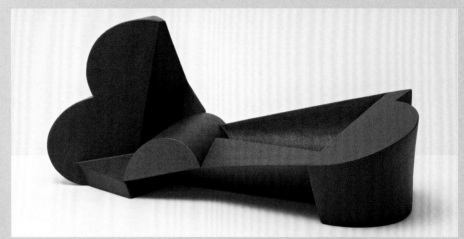

异形曲线 \ Anne Currier \
泥板成型
图片由艺术家提供

细节 \ Nathan Craven \ 挤出成型
图片由艺术家提供

她的劳动 \ Erin Furimsky \ 泥条盘筑和小部位

茶壶 \ Joe Pintz \ 泥板成型

装饰组合 \ David Hicks \ 混合媒介

潜水员 \ Kensuke Yamada \
泥条盘筑和手捏成型

2180 反抗系列 \ Virgil Ortiz \ 泥条盘筑

手提香料盒套装 \ Liz Slot
Summerfield \ 泥板成型

跟随 \ Alessandro Gallo \ 手工雕塑

妈妈的小帮手 \ Chris Dufala \ 泥板成型、印坯、挤出部件

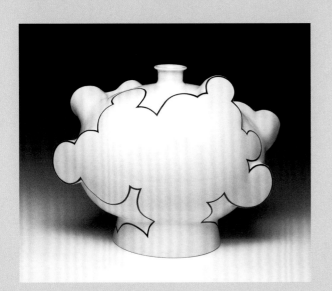

云瓶 \ Sam Chung \ 拉坯和泥板成型

电路罐 \ Holly Walker \ 泥板成型和泥条盘筑

第六章
装饰与后期处理

当你想到你最喜欢的陶瓷艺术家的作品时，你会意识到你对他们作品的反应大多与作品的表面处理以及在加工时对细节的处理有关。尽管如此，与花在造型上的时间相比，许多初学者还是很少花时间去学习后期处理工艺。虽然这些技术看起来令人生畏，但缺乏这方面的经验最终会导致作品的失败。

当你想到陶瓷装饰时，你首先想到的可能是上釉。但是在上釉之前，有很多方法可以很好地进行装饰，它们将帮助你形成表面的丰富效果。由于上釉技术和配方确实应该要有单独的书籍学习，在本章中，我将重点介绍我最喜欢的无釉面装饰技术，这样就可以把装饰看作是一个可以在作品的多个阶段操作的过程。我们将讨论在泥坯阶段增加表面的肌理、雕刻和压印技术，以及用化妆土和釉下彩等方法。

开始之前，让我举一个如何处理自己的作品表面的例子。也许难以置信，左页作品是我从一张破旧的油桶图片中找到的灵感。这张照片开始了我对分层使用化妆土和透明釉以及色釉的研究，以及在烧制后开始使用喷砂机进行表面处理。虽然这一切看起来很容易，但实际上花了数年的时间来测试。所以，即使你对自己的作品的表面处理不满意，也不要气馁。多实验，多研究，看看它会把你引向何方。即使这些都失败了，也再看看陶瓷之外的世界，寻找更多的色彩的灵感！

增加肌理

在泥坯上装饰通常就是在完成制作之前为作品增添的趣味。一般来说，可以使用各种方法来构建表面的复杂性，要么添加元素，要么在泥土表面上做标记（不仅包括压印，还包括化妆土装饰或三岛式装饰）。下面的章节包含了一些探索性的想法，关于表面装饰和这些技法的变化都有专门的书籍学习，这里仅仅作为技能培养的开始。

肌理的应用有很多种方式，有些一开始可能并不明显。例如，肌理的演化取决于选择的构建方法。你的造型是捏塑成型的吗？它有凸起吗？想要的表面是光滑还是粗糙？肌理是一种美学选择，与如何成型和如何组合部件都有关系。表面肌理的演化既容易又兼具挑战性：黏土十分柔软且可塑性强，它可以实现你所想做的，而困难的部分是首先弄清楚你最初想要做什么。理想情况下，应该从朝着你希望看到作品的最终样子去着手。也就是说，应该保持开放的心态，这样才会朝着预定的方向发展。

复制一种效果也可能是一个巨大的挑战。在我自己的作品中，我感兴趣的表面类似灰泥效果。我想要的是黏土的高点凸出釉面，而低处形成堆积，我使用红陶土和明亮的釉料来实现。泥条盘筑和刮片处理是为了制造表面肌理，硬质泥板成型不适合产生这种表面肌理。同时，我也在寻找更柔和的效果，如果要做一个盒子，那就尝试对盒子做出一种柔和而不僵硬的诠释，泥条盘筑、刮片处理以及制作的节奏等都是朝着既定效果去努力的方法。现在，经过多年的练习，手能感觉到和眼睛能发现作品表面需要进一步处理的地方，这已成为一种本能。但一开始，需要有意识的努力才能实现。

印章和滚轮

印章是一个带有单一图案的工具，比如商店买的印有花朵图案的印章，还可以是在坯板上面滚压的刻着图案的滚轮。无论样式和大小，理念都是一样的：在柔软的陶土上留下印记。雕刻印章就像用工具在半干的黏土上刻画一样简单。建议先在陶土上先描画图形，然后再雕刻。找出雕刻过程中出现的粗糙点或毛刺，并剔除。在黏土上做印记来测试印章效果（图 A）。根据需要改进设计，然后素烧印章。

滚轮印章是一个很好的印坯工具。滚轮印章是一种轮子状的装置，图案设计刻在表面，当这个装置在柔软的陶土上滚动时，它会留下重复连续的图案（图 B）。把它想象成一个滚动的印章。滚轮印章几乎可以用任何材料制作——木头、石头、石膏或者素烧坯制成的滚轮印章，效果都很好。无涂层的木材也可以，只要图案表面能干净地脱离黏土。这些材料会吸收水分所以使用前需要干燥。如果印章和滚轮是湿的，容易粘连黏土。

清洗完印章和滚轮后，让它们干燥一整天然后再使用。要用砂纸清洁去除多余的黏土堆积物，或者用干刷子把缝隙里的黏土灰尘清除掉。

制作滚轮印章

现在市场上有很多现成的印章，但自己制作可以有最个性化的设计效果，而且通常也会便宜很多。

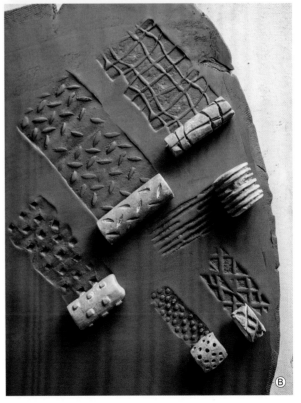

轻松抓握（当滚动肌理印章时，手指可以有休息的空间）。在继续下一步之前，让肌理印章干燥到半干状态。

现在是有趣的部分——雕刻各种图案。在软的黏土上雕刻制作自己需要的图案效果。根据需要进行修缮，然后素烧。如果刻画错误或者不喜欢，那就放弃它。一批制作 10～20 个肌理印章，运气好的话会成功 3～5 个。

根据对肌理、重复的图案或单一的主题图案的理解。尝试多个肌理印章的组合，看看它们是如何与黏土、化妆土或釉一起发挥作用的。你会惊讶于一些图案的艺术效果，并在下一批制作时开发更多图案。

首先搓制 1.2～2.5cm 粗的泥条，然后把它们切成手掌宽度和手指宽度的小段。我倾向于同时制作 5～20 个肌理印章。

备注：如上所述我会做两种大小不同的肌理印章。这样做的原因是为了确保能够应用到更多作品中。如我用大的肌理印章来压坯板；用小的肌理印章压曲面，如杯壁或一些小的部位，可以更加灵活。尺寸越多，选择和适用范围越大。

用钻头挖空泥条的中心，并清理粗糙的边缘。这个中空的中心可以让肌理印章均匀而迅速地干燥。对于手指大小的肌理印章，它还可以在滚动时

雕刻

正如我在第 45 页提到的，雕刻是从造型表面去除黏土的过程。雕刻可以是高度装饰性的或功能性的。有些用雕刻来提高表面与釉面的同步——创造出高低不同的起伏使釉面破裂或堆积。你可以在壶的外部或内部雕刻，或深或浅。雕刻的部分甚至可以用彩色化妆土填充（见 169 页）。如果你使用的是和黏土不同颜色的化妆土，就可以在上面刻画出一个高对比度的图案。

雕刻在某些方面与绘画相似，所以如果你喜欢画画，那会很快学会这种技巧。有许多雕刻工具，既有专门设计的，也有临时的。没有一个完美的解决方案，很大程度上取决于使用的工具和想要达到的效果：

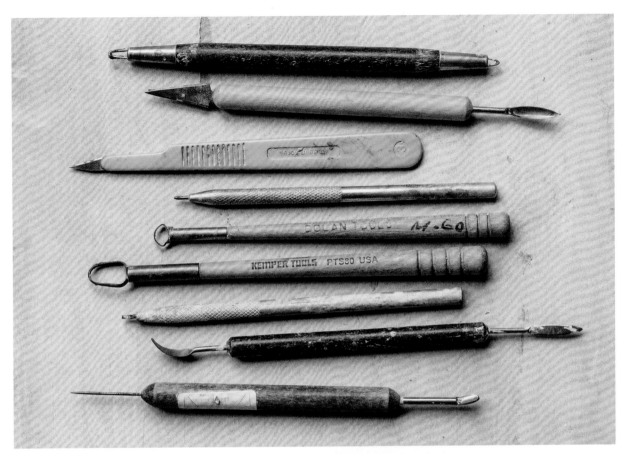

尝试不同的雕刻工具，找出最适合自己的

锉刨：一旦黏土处于半干状态，可以使用此工具快速有效地切削。会留下特定的肌理，但你可以将其保留或用刮片将其去掉。

修坯工具：环形修坯刀和类似的工具最常用于修底足部分。但它们也很适合做减法雕刻，去除黏土以获得想要的形状。如果在黏土半干的阶段进行雕刻，会留下一系列令人难以置信的手工印迹。

修补刀/刀片：在半干黏土上使用此工具，可以切割不需要的黏土或雕刻出干净、锋利的线条。

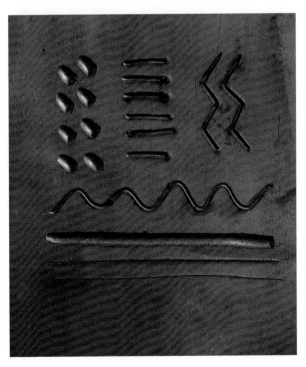

不经意之间

有一位老师罗伯特·布雷迪，曾经在我班上做了一个有趣的展示，那就是一袋已经变得很硬且要扔的黏土。他没有修复和回收再利用，而是把黏土块从上往下切成四块。然后，他把这四块半干黏土分别当作一块单独的"画布"，用修坯刀在表面削切。他用这些黏土块创造了一些惊人的优美的雕塑。

我提到这一点不仅是因为这是一个关于雕刻的特殊例子，也是提醒我们，有时制作最有趣的东西会来自我们意想不到的环境。不要害怕尝试和实验。在每一种状态下的黏土都会有奇妙的事情发生。有些可能会激发你的灵感和兴趣，有些则会让你立刻放弃，但我的建议是要有冒险精神。

你能用一块坚硬的黏土做什么？

刮片：刮片很方便改变黏土的表面。它们可以使黏土表面光滑或粗糙，这取决于刮片的边缘和如何使用。我会切割或给刮片一定的形状以满足我的需要，通常作为做减法的工具。

手指：在处理软黏土的时候，可以用手指在表面留下凹痕或清除多余的土。而清理线条或毛刺时要小心，因为手指可能会导致一些严重的污渍。

各式各样的雕刻工具：在你的周围寻找是否有锋利的工具。你永远不知道什么会成为一个有趣的工具。我最喜欢在黏土上做画的工具之一是一支廉价的自动铅笔。它创造了一个精细、锋利的线条，也可以很容易把铅笔"重新变锋利"。

大胆地尝试，任何图案都可以，从一些最简单的肌理开始，如 167 页。

泥浆技术

当涉及应用的选择时，泥浆是绝对多功能的。大多数工作室都有基础颜色的泥浆，如白色、黑色、蓝色，还有陶土风格的、红色化妆土也很常见。泥浆也很容易制作，可储存在密封的容器中。在第190页有几个基本的配方，针对不同的温度和不同的黏土。

一般来说，泥浆是在素坯阶段应用的，可以逐层增加，然后在表面绘制或再添加。如果泥浆暴露在外面没有施釉，那么在烧制后它们通常是干燥粗糙的，这对于功能性器皿来说并不适用，但却可以用于雕塑表面。在制作功能性器皿时，根据釉料的化学性质，釉下的泥浆可能会发生显著变化。釉面可以加强色彩或完全把泥浆覆盖，使其看起来不存在。在使用泥浆或釉面覆盖作品之前，一定要进行测试。

当使用泥浆时，不管坯体处于哪种湿度下，要先将作品打湿。我通常建议将泥浆施于半干的作品表面。如果使用的是太厚的泥浆，黏土在半干程度时，泥浆会很容易饱和。（有一次在工作室我把一系列有新加把手的杯子浸入泥浆中，然后放在那里晾干。五分钟后，所有的把手都掉了下来，几个杯子在泥浆的压力和水分含量下倒塌。经验教训！）

使用泥浆时，作品最好不要太潮湿，但我提醒的是作品也不能完全干透。干透的作品和泥浆在一起会导致作品毁坏。这是因为干透的作品会快速吸收水分膨胀而破裂。因此湿度会对形态造成冲击和压力的改变，要注意。

　　备注： 要同时考虑泥浆和坯体的情况。另外，注意泥浆的含水量会随着时间发生变化，水分总是在蒸发，而改变泥浆的浓度。

　　从美学角度看，泥浆是改变黏土这个画布的好方法。例如，使用深色的泥浆可以创建一个非常不同的外观和并展示特殊的釉面。同样地，通过在一个深色黏土上使用浅色泥浆，则可以创建一个新的表面来绘制，并呈现出隐藏在下方的深色黏土。把黏土从泥浆下显露出来的过程类似涂鸦。与釉料不同的是，泥浆有助于了解烧制后的颜色。

刷泥浆

　　有很多不同的刷子可供使用。如果你打算刷泥浆，我建议尝试各种类型的刷子（先买便宜的），看看它们的效果如何。值得注意的是，大多数泥浆、釉、蜡都会让刷子变硬，所以使用后一定要及时清洗，然后晾干。不要把它们泡在水中过夜，这是毁掉刷子的最快方法。

　　当你选择好刷子并使用泥浆时，我建议把泥浆倒进一个较小的容器里。如果你使用多种颜色，它将有助于防止意外交叉污染。在一个较小的容器里，可以方便改变泥浆的浓度（用水稀释或蒸发使其变稠）。

当你准备装饰的时候，从湿刷子开始。如果刷子已经潮湿，泥浆和釉下料会更好的被渗透到刷子里。一次使用一种颜色，从浅入深（图A）。变化颜色时彻底清洁刷子或更换刷子。在涂另一层之前，确保前一个泥浆层已凝固和干燥——就像油漆一样，泥浆湿了会混在一起，会弄乱颜色。

一旦你的作品表面上了泥浆，还可以通过雕刻来创造图案。尝试使用其他工具，例如图B中用于缝纫的工具，以增加表面的复杂性和装饰效果。

浸入或浇注泥浆

浸入或浇注化妆土与刷涂泥浆产生的效果是截然不同的。通常，浸入或浇注的泥浆会比刷涂的要厚。浇注的工具有很多种：调羹、汤勺、量杯、自制倒浆器，甚至是手。

准备浸入或浇注时，确保泥浆的稠度合适。根据目标，会需要一个介于高浓度黏稠和半浓黏稠之间的状态。泥浆越厚，它就越容易挂在作品上，所以要小心，动作要快。黏土的状态也很重要，通常半干程度是最佳的。

如果要浸入泥浆，用一个足够深的容器以便可以完全浸没作品。如果是浇注，则在开始之前准备好工具，包括一个用来接住多余化妆土的盆。

最后且重要的一点是，要确定如何在浸入和浇注的过程中稳固地握住作品。半干状态的坯体通常很难把握。考虑好如何拿捏住它，以及在上完泥浆后如何放下它，可以帮助你避免代价高昂的错误。如果你在一个大的作品上浇注化妆土，试着建立一个支架以避免把作品的底部放在泥浆池中。例如，

储存泥浆

选择密封性好，且开启方便的容器储存泥浆。我更偏向于塑料容器，因为玻璃罐一旦被打碎，工作室到处是玻璃残渣，非常难以清理。

另外，务必在容器上标注泥浆的颜色、配方、着色剂等，方便你使用和查找，为了避免标签被弄湿，用胶带或防水标签覆盖标签。标签不但要标记瓶身还有标记瓶盖，不然容易发生错用瓶盖的现象。我一般不允许将多余的泥浆倒回容器，但如果是实在要倒回，保证在没有污染，没有稀释的情况下，倒回正确的容器。

可以把作品放在两根棍子上，下方放置一个大水盆。

MISHIMA 三岛法

我们已经学会了雕刻和上泥浆，现在让我们把它们组合起来。三岛法是一种有趣的素坯装饰技术，可以用锋利的工具在半干的黏土上雕刻线条，然后用彩色泥浆填充这些线条，以颜色来增强线条的视觉效果。

首先，准备你感兴趣的图片，打印，然后在坯体上描绘出来。最简单的方法是把打印纸置于作品上（黏土应该是软湿到半干状态），然后用圆珠笔勾勒出图像的轮廓。只要够用力，并且土不太硬，就会在纸下面的黏土上留下轻微的凹痕。

然后用锋利的工具在黏土上描出雕刻图案。此时，不需要刷掉刻画过程产生的碎屑。可以尝试不同的制作工具，如2号铅笔、自动铅笔、针形工具、小刀、木刻刀等。

当黏土干透后，可以用软毛刷去除碎屑。如果它们完全干了，应该很容易清除。

把颜色镶嵌入雕刻的线条，在干透的黏土上涂刷上泥浆，你会发现干黏土上的雕刻线条会很好地吸收泥浆。然后盖住整个设计，等它慢慢干燥。

用湿海绵轻轻擦去多余的泥浆（作品上其他部分的泥浆，而不是雕刻线条上的泥浆），或者用刮片把它刮掉，此后就像往常素烧的作品一样处理。

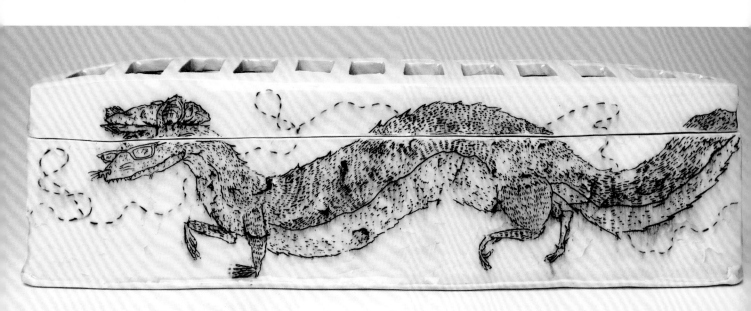

花砖\作品作者 Sunshine Cobb，插画作者 Richard Peterson\三岛法

图片由艺术家提供

克里斯 · 皮克特 | 肌理与灵感
Chris Picket

你是如何开始从事陶艺的？

和许多在相同领域工作的人一样，黏土是我的偶然发现。我刚上大学的时候主修工程学。在我成长的过程中，我一直喜欢画画，当我进入大学时，我用艺术课程修满了所有的选修学分。而我参加的第一门艺术课程就是陶艺。我经常听说有人从接触黏土的那一刻起就爱上了它。我并没有对黏土一见钟情，相反，我只是漫不经心地体验，直到越来越喜爱并确定从事这项工作。

你的作品很讲究图案和颜色，
你能谈谈激发创作的灵感是什么吗？

在我的作品中，有很多因素会影响到我对形状、颜色和表面图像的创作。我的器物有种舒适感，我想从以下几个方面来谈论这个问题。

许多不同的文化认为容器是身体的隐喻。在我的作品中，我用身体柔软的体验来参考触摸的舒适感和亲密度。壶是一种亲密的物品，我们会经常触摸它，有时还会触碰嘴唇。它们成为了解亲密舒适感的完美工具。柔软的哑光釉和大容量提供了一种触觉体验，从而允许容器作为身体的替代想象品。

我把玩具作为童年经历的一个参照物。玩具的设计往往简化复杂的形状，并用明亮的原色和副色加以强调。费雪旗下的小人玩具就是一个很好的例子。人体的形状被简化成一个球体，放置在圆柱体上，并用线条和颜色模拟。在我的作品中，我经常

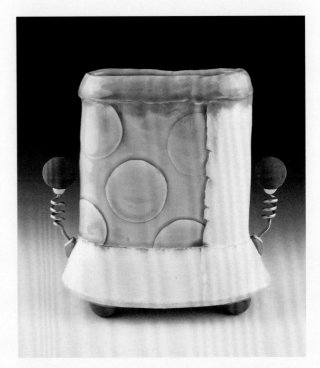

春天花瓶 \ Chris Pickett \ 软泥板成型、低浮雕、印坯、铝金属线（参考童年怀旧玩具珠子迷宫）

采用类似的策略，用少量明亮的色彩来突出和反衬柔软的设计。

我参考的童年怀旧玩具是幻彩灯箱和珠子迷宫。幻彩灯箱玩具是把彩色的珠子穿过黑色的纸压入灯箱，创造出由发光的小圆圈组成的多彩图案。我使用低浮雕表面设计与釉下涂料，以达到类似的审美和怀旧色调（见175页）。同样，我把珠子迷宫玩具的一部分合并成另一种形式。珠子迷宫是由几根蜿蜒的金属线和沿着金属线行进的彩色珠子

组成的。我采用了这个玩具设计的一部分作为花瓶的把手，一个卷曲的铝支架和一个印坯瓷珠呈现了我的童年的回忆（见173页）。

在考虑家庭空间的舒适度时，中世纪家具是一个参考点。许多20世纪中叶的家居设计都与玩具设计有着相似之处。一个很好的例子是乔治·尼尔森的转球钟，附在金属丝上的十二个彩色珠子作为时钟的数字，这一特点启发我设计了矮花瓶的把手（见175页）。我也从20世纪中叶的布料中汲取灵感。雷埃·姆斯经典的原子织物图案是那时一种经典而有趣的设计，我将这种织物图案与一个点阵图像相结合，设计了原子碗上的浅浮雕图案。这种图形是对中世纪艺术的致敬，也是对那时个人家庭空间价值的认可（见174页）。

在制作过程中获得了什么重要的经验？

这些年来我学到了一些东西。时间告诉我，工具只是工具，不多不少。用所能得到的一切工具表达出你想表达的思想感情，不要让工具支配你去做什么。相反，使用任何可以有助于表达思想感情的工具。

我能给大家最重要的建议就是每天坚持，因为花在创作上的时间是无法替代的。如果你坚持不懈，集中注意力，就会有好的结果。有人曾经告诉我，"Chris，这个世界上有两种艺术家，有些人天生才华横溢，而有些人像你一样工作努力。"当时觉得这是一种讽刺的恭维。现在看来，我很乐意接受。

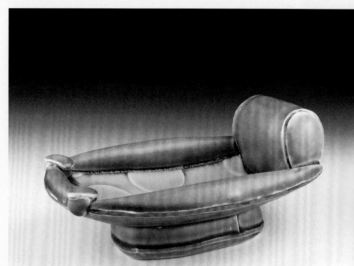

躺椅式托盘 \ Chris Pickett \ 软泥板成型、复合模具、浅浮雕（灵感来源躺椅家具）

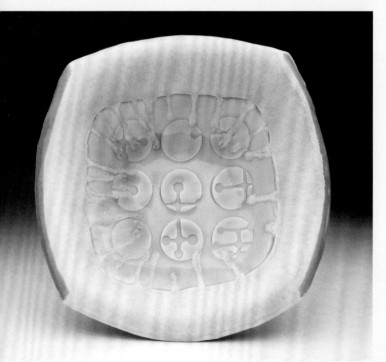

原子碗 \ Chris Pickett \ 软泥板成型、复合模具、浅浮雕（灵感来源是雷埃·姆斯的经典原子织物图案）

油壶 \ Chris Pickett \ 软泥板成型、模具、浅浮雕（受亮色玩具启发设计）

矮花瓶 \ Chris Pickett \ 软泥板成型、模具、印坯、铝制金属线（设计灵感来自转球钟）

花瓶 \ Chris Pickett \ 软泥板成型、模具、浅浮雕（表面装饰灵感来自童年时的玩具幻彩灯箱）

酒瓶 \ Chris Pickett \ 软泥板成型、模具、浅浮雕

釉与釉下彩

釉下彩有点像泥浆，所以不在这里花太多时间。事实上，釉下彩的使用方法和化妆土在泥坯阶段一样。不过，它也可以用在素烧过的坯体上。在任何一个阶段，商用釉下彩都是为黏土而配制的。釉下彩的颜色非常强烈饱和。

釉下装饰可以有效地制造出更具绘画感的装饰，就像为泥坯制作彩色花纸。然而，顾名思义，它的用意是与釉料结合使用，施釉并完成整件作品。

备注： 当我在素烧坯上使用釉下彩料时，我喜欢先把泥坯和釉下料烧到 700°F（371℃），或者在施釉之前再烧一次，这就防止了釉下彩与釉料发生抵触。

用不同的釉料和泥浆来测试釉下彩料，因为釉可能改变颜色（最终烧制过程中釉料和釉下彩之间的化学反应将影响结果）。有些釉料会增加强度，而有些釉料则是不透明的，使釉下料几乎看不见。即使是看起来很简单也值得测试。所有透明釉的烧成方式都不同，温度会影响釉下彩料的强度。记录下釉料的组合和烧成方法。

想了解釉下彩的丰富样式见 192 页。

与釉下彩不同，釉料本质上是一种混合材料，当加热融化时会形成玻璃状。正式学习之前先了解几个基本问题。

首先，需要了解烧成的温度。即使是在一个公共工作室烧制，知道窑炉能烧到什么温度是基本常识。

陶瓷有三个主要的温度范围：低温（通常是测温锥 04～06 号）、中温（通常是测温锥 5～7 号）和高温（通常是测温锥 8～11 号）。那么测温锥是什么？测温锥是指温度和时间共同作用的特定温度范围。类似于烘焙食物，可以在 450°F（232℃）的高温下快速烘焙，也可以在 200°F（93℃）的温度下长时间烘焙。结果会有所不同，但无论烘焙什么，最终都会彻底烤熟。

在窑炉中，我们使用测温锥，使其逐渐熔化，以显示窑内的特定温度范围。这有助于直观测量我们的作品在烧制过程中的温度有多高。这在黏土的玻化和釉面熔化中很重要。当烧窑时，经常使用测温锥指示一系列特定的温度（通常有三个锥，一个在目标温度下熔化，一个在较高温度下熔化，一个在较低温度下熔化）来监控烧制过程。中档温度烧制的是测温锥 5、6 和 7 号，这取决于你的窑炉，但如果可以选择，我提供一些严肃的有创造性的实际的考虑。

先来谈谈创作上的考虑，因为黏土和釉料的颜色会受到烧成温度的显著影响。中低温更有利于烧出鲜艳的颜色（最常见的是电窑，氧化气氛），虽然乐烧、坑烧等可能是在低温空气中还原烧成的过程，但是这些更适用于装饰器物，不适合实用器物。在电窑或气窑中，更高的温度下减少燃烧（只是减少氧气）有利于打破黏土和釉色的壁垒，高温烧制也丰富了选择，比如使用木材、盐或燃气苏打烧等。

黏土强度和玻化是重要的实际问题。我更喜欢中温烧制的一个原因是，相对于低火力烧成的强度，这种温度下的黏土烧成的强度更高。大多数黏土都是玻化的，这意味着它们在规定的温度下是不透水的，但这是可以改变的。玻化并不意味着不可逾越，甚至更强大。任何一个使用过陶器和瓷器的人都能感受到它们的密度差异，这使得陶器砂锅非常适合烹饪，而瓷器马克杯更适合用来喝热咖啡。虽然我很喜欢陶器，但当我做功能性的东西出售时，对我来说很重要的一点是它们坚固耐用，能经受正常的磨损。所以制作前你需要考虑清楚哪些因素是作品中的重要因素，并相应地进行调整。

通常接触到的第一批釉料很可能是公共工作室的釉料，这是一个很好的开端，如果有什么不清楚的地方，可以询问工作室负责人关于釉料的知识，也可能会看到别人的作品都是用什么样的釉料制成的。如果可以的话，也可以去了解其他的烧制方法，比如乐烧。每一个工作室都是不同的，都有它的优点和局限性。等你准备好了，就可以开始在这些界限之外探索，找到新的工作室或建立自己的工作室。但是不要好高骛远，超越自己的能力去探索。

学生们普遍抱怨他们讨厌上釉。如果你把 95% 的时间花在制作上，而只有 5% 的时间学习上釉，那得到的结果自然不会令人满意。想要在完成过程中做得更好，唯一的办法就是练习和实践。你需要足够重视表面处理的部分。记住，黏土和釉料必须一起配合，才能创造出想要的作品。

无论你是个新手还是已经做了多年，我都建议做好笔记。这有利于你能够复制成功的作品。最终的目标，你不但能辨认出一种釉料，还能知道涂的厚薄程度，以及它是否与釉下彩料或其他釉料或黏土本身发生反应。

浇釉和浸釉

浇釉或浸釉是最直接的上釉方法。通常是在陶瓷课上介绍釉料的应用，我的建议是在上釉之前亲自实践一下。在本节中，我将提供一些指导，包括要查找的内容和注意事项。尽管如此，没有什么可以代替实践教程。

在开始上釉之前，作品应该是素烧过，干净的，没有灰尘和残屑。如果作品在架子上积有灰尘，用湿海绵擦拭。保持干燥很重要，素坯的吸水性有助于釉料附着，如果作品太湿，需要让它干燥后再上釉。

在你不想上釉的地方涂上蜡，比如器皿的足，然后让蜡充分干燥（图 A）。小心不要把蜡沾到想上釉的地方，否则得再素烧一遍，把蜡烧掉。

先别打开釉桶。首先，思考一下上釉的计划。为作品准备一个干净的空间，铺好报纸，因为操作过程中釉会滴得到处都是。备好倒釉工具，比如汤勺、量杯，或者釉钳。准备一桶干净的水和一块海绵，这样就可以清洗器皿底部或擦拭任何溢出物。

现在是时候选择釉料了。先把釉料搅拌均匀，釉料的稠度会有很大的变化，这取决于釉料的使用方式（图B）。如果它已经放置了很长一段时间，水可能已经蒸发，导致釉变得太厚。一般来说，大多数釉应该与油漆的浓度一致。如果把手伸进釉料中再抽出来，釉料会很快从手上滴下来，但会在手指之间会产生一种轻微的网状效果。如果太厚或太薄，咨询工作室负责人或技术人员，他们可以决定是否需要调整。由一个人来统一安排这件事很重要。如果工作室里的每个人都来调整釉料，那么这些釉料很快就会无法使用。

如果你用的是钳子，用钳子抓住器皿的内部和外部，这样就能牢牢地抓住（图C）。或者用手指抓住靠近器皿底部的地方。现在浸入，让容器充满釉料。这将是一个快速且优雅地将器皿浸入桶中的动作。一旦器皿被浸没，做一个简短的计数，"一、二、三"（计数会有所不同，取决于容器的厚度和釉面的厚度），然后从水桶里拿出容器。轻轻地抖掉多余的釉料，让它在仍然是液体的时候滴落。然后把作品放在安全的地方等待晾干。如果用了钳子，轻轻地松开它，这样就不会刮伤它了。有些釉料会在钳子留下的痕迹上"愈合"。有的需要少量釉料涂在留下痕迹的地方。如果是拿着容器浸釉的，可以用釉料填补手指留下的痕迹（通过轻拍或刷涂），或者接受这个过程留下的痕迹（我的喜好）。

如果使用的是两种颜色的釉料，这里有一个针对实用器皿的指导原则：先给器皿的内部上釉，然后再给外部上釉。用量杯或汤勺把器皿填至大约1/2到3/4满。然后把釉倒出来，慢慢转动器皿，确保整个内表面都涂上了釉。让多余的釉料完全倒出来，然后再把器皿翻回到足在上（这将有助于确保器皿底部不会有釉料堆积，否则会导致严重的开裂）。

根据上釉策略，现在可能需要清理器皿外部的液态釉滴。釉的厚度将在最后的烧制中显现出来。如果有釉滴，又在上面涂上更多的釉料，那些釉料较重的斑点就会很明显。在涂上额外的釉料之前，让作品干燥。记住，水的饱和度会改变素烧坯吸收釉料的速度。

备注：釉的厚度很重要。如果釉料厚度不足，釉面效果会有很大不同，但过多的釉料又会导致其他问题。一般来说，釉面厚度应等于两张信用卡的厚度。如果看不清表面有多少釉料，可以用工具针在釉面上划出一条线来检查。在划线的痕迹上补一点釉料，确保它被覆盖。

当你已经用一种颜色在作品的内部上釉，而准备用另一种颜色在外面上釉时，浇釉将有助于保持两种颜色在某种程度上的分界清晰。要做到这一点，一只手拿着盛满釉料的勺子或量杯，另一只手紧紧地拿着作品，在把釉料平稳地倾倒的同时转动作品。

浸釉也是一种选择，但这种方法会导致两种釉料之间有小部分重叠。对于像杯子和碗这样的功能性物品，握住器皿的足，并将其垂直浸入釉料桶中，器皿内部的空气会阻止釉料浸入器皿内壁（图D）。把器皿浸到足边，几秒钟后再拿出来。

完成了作品上釉后，要修补所有釉料间隙并

去掉错误的釉面。一定要留下至少 0.7cm 无釉的底足。这适用于所有器皿，而不仅仅是功能性的器皿。器皿的底部因为接触窑炉棚板，所以必须完全没有釉料，否则，它会粘在棚板上，这比胶水还更糟糕。即使给器皿的足上了蜡，也要用海绵在足上擦去残留的釉料。最后，清洁工具和柜台，并正确放置好釉料桶上的盖子。

涂釉

大多数工作室都使用浇釉和浸釉的方法，但多数商业釉料的成分也适合手工涂刷。釉料桶上通常有具体说明，釉料制造商可能会建议使用三层。虽然我看到很多人使用商业釉料效果不理想，但我通常认为这是由于错误使用造成的。釉的厚度不论在商业制釉中还是工作室制釉中一样重要。必须对釉料有足够的了解，才能自如地管理与应用它。

在刷釉之前，需要一个干净无尘的素烧瓷和一个干净的工作区，之前的步骤与浸釉、浇釉都是一样的，只有当一切有条不紊后，才可以开始涂刷。

把刷子蘸上釉料，且确保它蘸满了釉。第一层涂得尽可能均匀很重要。当刷子上的釉变得又干又少时，及时补充。第一层釉很薄，但不需要完全覆盖，随后的一层将确保作品有足够的釉料（图 E）。

在涂第二层之前，让第一层完全干透。第二层可以涂得厚一点。同样，刷子上的釉料看起来变得又粉又干时，及时填补浸上釉。第二层刷好后，再次等待干燥，这次要比第一层干的时间长。

涂第三层时你有最后一次机会来处理任何看起来薄的或透明的斑点。和其他上釉方式一样，坯体本身不应该透过釉面被看到。让第三层干透，记得清理器皿底部多余的釉料。

Ⓔ

隔离物

隔离物可以防止釉料、釉下料或化妆土粘在容器上。它们可以是任何东西，比如纸（通常与化妆土一起使用）、蜡（素坯最常用）。隔离物还可以在陶坯阶段用于装饰，也可以用作减缓干燥的方式。但在本节中，我们将重点介绍隔离物的装饰作用。

纸和胶带

纸和胶带用作隔离物非常简单，我推荐普通的胶纸带和新闻纸，但建议多尝试不同类型的纸和胶带，看看什么最合适。请记住，使用的纸和胶带在化妆土和釉料作用下都是一次性的，无法重复使用，因此很有可能会毁掉图案。这里有一些探索性的想法。

纸模： 从纸上剪下各种形状，然后在纸上洒水，直到它的湿度恰到好处，粘在一块半干的坯体上。用一个刮片来确保纸张粘在陶土表面上——纸不会在坯体上滑动。在坯体上涂泥浆，让杯子稍微竖起（直到泥浆不动为止），然后把纸模剥开（图A、B）。当泥浆干透后，可用新的剪纸图案和不同颜色泥浆进行重复。

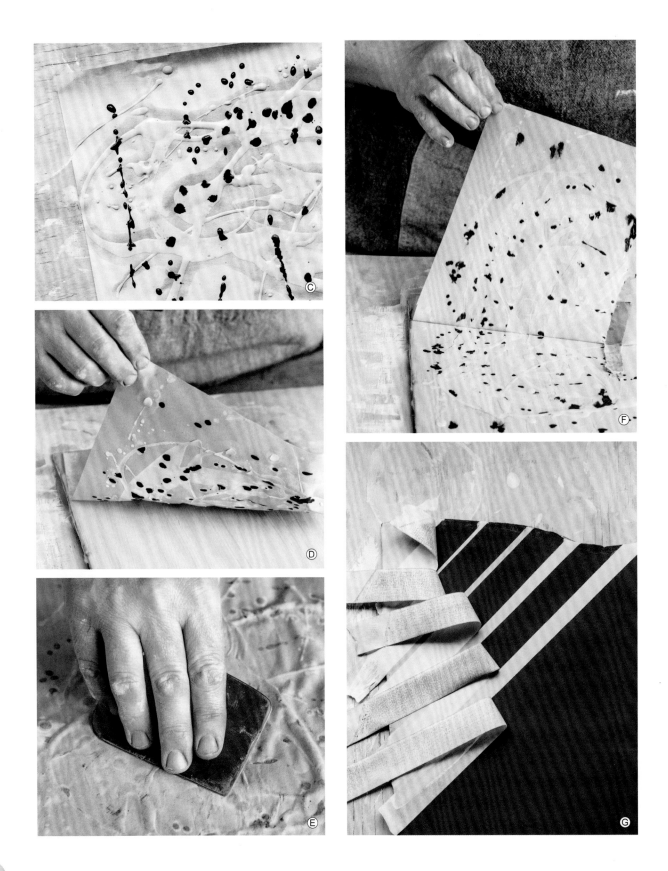

纸浆转印：在纸上涂上或滴上多层泥浆（图C）。让泥浆干透，用泥浆刷半干程度的坯体。当作品上的化妆土还未干透的时候，在纸的背面洒上一层水（它应该是潮湿的而不是湿的）。把纸贴在作品上，图案面朝坯体（图D）。用刮片摩擦，泥浆效果从纸张转移到作品上（图E）。把纸揭开再欣赏泥浆转印后的效果（图F）。

胶带隔离：如果制作线条效果，可用胶带作为隔离物。让胶带粘在半干程度的坯上可能有点难，但如果没有灰尘，它应该能很好地粘在素烧坯上。沿着胶带的边缘剪图形，或者按原样用胶带做线条。在半干程度的坯上和胶带上涂上（或浇注）一层薄薄的泥浆，或者在素烧坯和胶带上涂釉（或浇釉）。一旦泥浆（或釉料）干燥到不滴落，剥开胶带就可露出图案（图G）。

蜡

蜡是陶瓷工作室里常见的物品，它最常用于素烧坯上釉的隔离剂，有很强的隔离性。另一方面，水性蜡往往更薄一些，一些陶工把它当作半干坯体的装饰工具。

要使用蜡，首先要安排好工作空间。把报纸或作品放在一张可以方便擦拭的桌子上（没有帆布）。准备专用于打蜡的刷子。将少量蜡转移到一个小而稳定的容器中。

现在给不需要上釉的地方涂上蜡，比如足、盖子、盖子座，也应该在任何接触到窑架的地方上蜡。

你可以非常精确地使用蜡，但也很容易无意中让蜡失控。一旦蜡滴在作品的其他地方，它可能很难去除——通常必须再素烧一遍，以完全去除残留的蜡。所以要小心。当准备清理的时候，用热水来清洗刷子，或者更好的方法是准备一杯滚烫的水，在清洗完成后把刷子放在杯子里。这能融化一点蜡，帮助保持刷子清洁。等蜡完全干透后，再开始上釉。

液体乳胶

乳胶和蜡相比，乳胶是暂时的，它允许你创建可剥离的隔离层，这样就可以创建具有多层颜色的多种图案。

在使用乳胶之前，先将刷子浸入油皂中，这有助于防止刷子结块。然后在作品上刷上乳胶，让它干燥。在作品上涂上选择好的化妆土或釉，然后让它变干。最后，剥离并丢弃乳胶。

漆、树脂或硬质蜡

漆主要用在半干坯体上，作为防水剂。硬质蜡是这类工作的另一个选择，但需要一个加热盘和一个上蜡专用的平底锅。

在干透的作品的图案上刷上这些材料，然后等待干燥。下一步用湿海绵轻轻地擦拭，上漆或上蜡的部分保持原有图形，其他部位黏土逐渐减少，浮雕效果会慢慢突显。这是一个微妙的过程，需要一些练习，可能会无意中擦掉漆或蜡，所以要轻柔、有耐心。完成后，用酒精来清洁漆刷，按压清理刷毛上的漆。虽然刷毛干燥后会变硬，但下次使用前浸泡一会，30分钟内就会变松软。

林赛·奥斯特里特 | 雕刻
Lindsay Oesterritter

你是如何从黏土创作的?

当我还是学龄前儿童的时候,我用黏土做了一些球状的小动物,我和爸爸把他们放在太阳下晒干。上小学时,我和哥哥在离家不远的街道上参加了一个社区儿童班,妈妈还在她的瓷器柜里陈列着那堂课上做的一些作品。直到在大学上了入门课,我正式开始了陶艺职业生涯。

是什么让你在最近的作品中使用到雕刻这个方式?

我通常先把我想做的东西形象化,然后再问自己怎么做。如果它是一种新造型,我喜欢想象用各种方式制作它:拉坯、泥条盘筑、泥板、模具、运用雕刻等。当我思考每一个过程时,我会考虑黏土将如何表现,会遇到什么困难,以及将留下什么痕迹。

以橄榄槽为例(见185页)。除了形状本身,我希望它是厚重的,我还想看看是否能挑战常用的均匀厚度,创造出与外部形状不匹配的内部结构。通过槽模板,我能够一次又一次地创造出几乎完全相同的形状,但在标记制作上比使用模压模具的变化要大得多。

在这个过程中你学到了什么重要的经验?

当使用厚泥板制作长而薄的造型时,缓慢干燥可大大减少变形。我采用了我称之为"毛巾干燥法"的方式。我把一条干毛巾盖在作品上,以减慢

榨汁机\拉坯、印坯、泥板

干燥的速度,不至于因为干燥得太快而变形。同样地,如果我有几个作品在同一时间干燥,我会给予它们足够的时间和空间。并尽量少触摸作品,这听起来简单,但实际上需要一定的决心和耐心。

你如何设计你的作品?

在高中时代,很长一段时间我都以为我想成为一名建筑师。这有点离题,但也许可以解释,为什么直到今天,我总是在我的速写本中设计一个想法,然后从各个侧面(上、下、左、右、前、后)

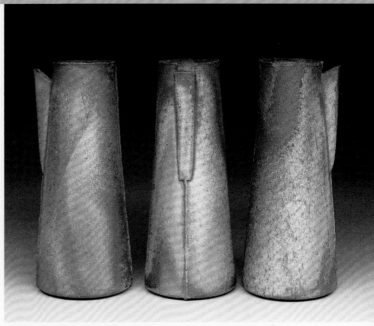

榨汁机（细节）\ Lindsay Oesterritter \ 拉坯、印坯、泥板

倒酒器 \ Lindsay Oesterritter \ 压模、印坯、泥板（测温锥10 号，我制作了专用于做接缝的模具来制作倒酒器）

橄榄槽雕刻 \ Lindsay Oesterritter \ 雕刻（测温锥 10 号）

盛放西红柿、黄瓜和饼干

和横截面上绘制该对象的草图。这有助于我对比例和线条做出初步判断。在我对作品的外观有了大致的了解之后，我开始制作一个按比例缩放的纸模板。在允许使用和处理作品零件的框架内，设计零件的尺寸，再次为作品的每个零件制作一个纸模板。我用纸模板作为向导，在黏土上勾勒出形状，并知道在哪里雕刻。我还使用该模板来制作雕刻的辅助工具，以帮助雕刻实施的过程。

你对柴烧有什么看法？

我做柴烧的一个原因是它让我更专注于造型。当我决定为一个特定的造型使用什么手工制造技术时，这在很大程度上是因为在进行加工时留下的痕迹。我很少上釉，所以工艺痕迹与柴烧的表面结合起来就成了独特的表面装饰效果。我努力以一种尽可能直接的方式完成工作，所见即所得。在这个过程的真实性和形式的简单性中，我希望让作品和材料自己说话，我的目标是通过简单达到深度表达。

橄榄槽模板（这是我用来勾勒和雕刻橄榄槽的模板）

壶嘴的制作过程
（这是我为倒酒器切割泥板并制作壶嘴的准备）

窑炉与烧成

我们终于来到烧制阶段了。开始时，烧制通常由窑工或工作室专人负责。如果有兴趣了解烧制的来龙去脉，我强烈建议你跟着那些有各种窑炉烧制经验的师傅学习。素烧和电窑烧成相对简单，气窑则没有那么容易。

当我想学习气窑烧到测温锥 10 号时，我请教了三个不同的人——我的两位导师和我大学的窑炉技术人员。在我上学时，没有正式的烧窑课程，只有很多关于烧窑过程的书籍可以阅读（没有实践经验时，只看文字是很难理解的）。我需要看看事情是怎么做的，然后自己去尝试。所以我问我的导师不明白的问题，做笔记，看他们烧窑。令我惊奇的是每一位老师的做法都不一样，这太不可思议了。我了解到烧制高温窑炉是一门技术，也是一门高度诠释性的艺术，它基于你想要的结果。在你有了丰富的实践积累和经验之后，它才具有解释性。我们必须看到烧制过程中所进行的操作，并将它们与结果联系起来。幸运的是，我最终被允许开始着手烧气窑，并找到了一个自己觉得不错的方法，而且效果很好。

测温锥和温度

在釉料部分我们已经讨论了测温锥、温度范围，以及它们如何影响陶土颜色和釉面。我们将普通烧制定义为低温（测温锥 04-06 号），中温（测温锥 5-7 号）和高温（测温锥 8-11 号）。以下将说明在烧制过程中时间和温度（测温锥）对

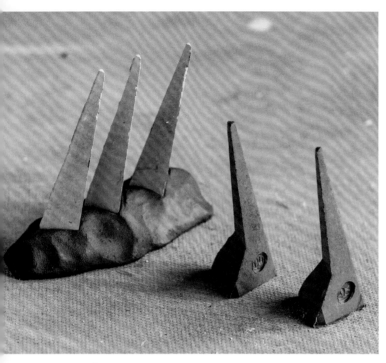

测温锥是确保烧制质量的最佳方法

陶瓷本身的影响。

我将借用瓦尔·库欣的工作手册，从中我学到了大部分烧制原则，涉及烧制的基础知识，并讨论在特定温度下应该注意什么。希望这将有助于帮你揭开烧制过程的神秘面纱，并使你能够意识到你在改变什么和为什么改变烧制时间的安排。

100～200℉（38～93℃）缓慢升温，达到后保温达3～4小时，这个阶段最可能因为烧制出现问题。保持窑内温度，尤其在180～200℉（82～93℃）之间可以使窑内的作品在更高温度之前完全干燥。如果空气封闭，坯体内部快速形成蒸汽，坯体就容易破裂，即使保温时间没有推荐的那么长，作品在干燥之前也不会达到沸点。如果你百分之百地确定把干透的作品放进窑里，那么可以在200℉

（93℃）的温度下保温1～2个小时。

备注： 大多数电窑的工作方式是每小时按设定的度数递增。所以第一步，我会以每小时50～75℉（10～24℃）的速度把温度升高到200℉（93℃）。这意味着需要2～3个小时才能达到设定温度，然后我会让它保温1～2个小时。

200～1100℉（93～593℃）超过5小时：在这一阶段，对温度上升的速度持保守态度是有好处的。这一般是烧制过程中最长的部分，会有几件事发生。首先，化学水排出，黏土变成陶瓷（600℃以后就不可逆反）。石英转化，另一个重要的化学反应也发生了。一旦黏土到了这个温度范围，就不可能再将其分解成可回收的原材料。

备注： 此温度范围也是晶体生长（在烧成过程中黏土的结构生长）的时候，这对某些高硅黏土坯体在大气中烧制很重要。如果窑冷却太慢，会出现过多晶体生长（如方石英，螺旋状裂纹现象），导致开裂。

1100～1940℉（593～1060℃），3～4个小时：现在我们要到素烧范围了，在1100℉（593℃）之后，温度可以更快地上升到最终的素烧温度。其范围可以从低温（010号锥）到高温（04号锥）。理想的温度实际取决于烧制的黏土。较低的温度如010号锥使坯体对釉料的吸收能力更强。烧到更高的温度，如04号锥，黏土将更硬，机械强度更高，吸收能力稍差。标准的最终素烧温度在04和06号锥之间。

素烧04号~06号锥,电窑

如果你的窑炉有预先设定好的素烧设置,那就使用它们,我就是这么做的。坚持慢火烧制是一个好主意,这样可以减少爆裂的可能性。这有一份缓慢的低温烧制安排表。

度数每小时	目标温度	备　注
75°F（24℃）	200°F（93℃）	· 在烧制之前,作品应该是干燥的。在升温和保持之间,窑应在200°F（93℃）或更低温度下至少停留4个小时。如果作品的湿度或厚度超过建议值,则可能需要长达8个小时
220°F（104℃）	1 100°F（593℃）	· 发生石英转化
250°F（121℃）	1 850~1 940°F（1 010~1 060℃）	· 根据你的黏土,在04~06号锥范围内完成 · 关闭窑炉并自然冷却,窑炉冷却到华氏900°F（482℃）以下后,打开排气孔

釉烧04~9号锥,电窑

这是一个通用的烧成计划,可以根据你的需要进行调整。例如,我通常会烧到3号锥,然后在这个温度下保持10分钟。这似乎有助于釉料稳定,通常它会熔化较高的测温锥（4号锥）。记住,时间和温度是共同作用的。因为在高温下保持温度都会促进锥体熔化,所以只要保温10分钟就可以改变你的烧成和釉面。采用这样的策略可以改善一些釉面,但也有可能把一个稳定的釉色烧得一团糟。所以要小心,尽可能安全地测试新的想法。

度数每小时	目标温度	备　注
100°F（38℃）	200°F（93℃）	· 保持1小时以确保黏土或釉料中的水分干燥
220°F（104℃）	1 100°F（593℃）	· 发生石英转化
250°F（121℃）	1 940~2 200°F（1 060~1 204℃）	· 根据黏土和釉料,在测温锥04~9号范围内完成 · 关闭窑炉并自然冷却,窑炉冷却到1 000°F（537℃）以下后,打开排气孔

泥浆和釉的配方

现在泥浆和釉料的配方随处可见，图书或者釉料的商业机构提供的手册中也可以得到，如关于红釉和青釉，都有专门的书籍。当然，很多陶艺家也有自己独特的配方。

总的来说，陶瓷圈在分享信息方面非常慷慨，有一些陶工拥有专门的釉料，大多数人也愿意谈论他们釉料的配方。作为传统的一部分，我将分享一些我已经实践成功的基础泥浆。我也分享一些基础釉料，我目前的作品中主要使用的是商业釉料。可以把这些配方当作基础，试着调制你自己的泥浆和釉料。

对于下面的一些泥浆配方，你会注意到有一个基本配方，可以用氧化物（来自天然元素的着色剂）、黏土或不同的颜色的色剂进行修改。Mason色剂是一种商业着色材料，可以很容易地创造出彩虹般的色彩。每个 Mason 色剂都非常接近它将产生的颜色，所以粉红色烧完还是粉红色，蓝色烧完也是蓝色。强度会有所不同，这取决于和泥浆的百分比（1%～10% 是广泛使用的范围，因为一旦达到 10%，它通常会得到最强烈的颜色）。请注意，Mason 色剂有一个温度范围，在该范围内它们将工作良好。有些颜色会在一些温度下烧得消失，所以在 10 号锥上获得明艳的黄色、橙色和红色是非常困难的。

大多数配方都是按百分比提供的，加起来是100%。任何额外的元素，如着色剂，都被视为额外的百分比。也就是说，在这个过程中，釉料和泥浆经常需要调整，就像玩游戏一样。因此，即使配方中的数字加起来不等于 100%，配方也是正确的。

首先，这里的配方是以克为单位列出的。根据我的经验，100 克的批次是一个很好的测试量。不管你在哪里找到釉料配方，都强烈建议你拿一小批量来进行试验。釉料的测试是整个工艺过程中最重要的环节之一。别一下子就拿自己的大作给从未尝试过的新釉料做实验。

等你准备好做批量生产、扩大规模时，只需乘以 10 或者 100，方便计算。

低温泥浆

06～02 号锥

正如从名称上猜出来的，这是一个低温泥浆。这是一种简单的白色泥浆，也是一个很好的添加其他颜色的基础配方。检查配方中包含的一些着色剂建议，或者使用 Mason 色剂，测试 1% 到 10% 的不同饱和度。

25g	水洗高岭土
25g	球土
20g	熔块 3124
5g	滑石
20g	燧石（二氧化硅）
5g	锌

着色剂：

棕褐色·····················金红石（较纯的二氧化钛）

色·····························15% 红色氧化铁

灰色··························4% 铬酸铁

蓝色·························1%～3% 碳酸钴

黑色·························10% 黑色染色剂

白色泥浆（基础泥浆）

04～9 号锥

这里有一些其他的泥浆配方，但温度范围更广。使用白色泥浆作为基础色或作为添加着色剂的基础。

34.00g ························· 高岭土

20.00g ························· 球土

27.00g ························· 钾长石

19.00g ························· 燧石（二氧化硅）

8.00g ························· 锌

0.25g ························· 苏打灰

0.25g ························· 硅酸钠

黑色泥浆

基础泥浆配方

80.00g ························· 红土

5.00g ························· 碳酸铜

3.00g ························· 碳酸锰

2.00g ························· 碳酸钴

5.00g ························· 红色氧化铁

低温清晰的内釉

01～4 号锥

这是一种极好的透明釉料，适合大多数温度范

围内的黏土。几乎没有开裂，这是一种很好的花瓶或杯子的内釉。

49.00g ························· 硼砂

20.00g ························· 高岭土

28.00g ························· 燧石（二氧化硅）

3.00g ························· 氢氧化铝

BRIAN TAYLOR 的 B1 透明底釉

3～6 号锥

这是一个很好的中温烧制的基础釉，就像泥浆一样，你可以添加 1%～10% 的着色剂来改变颜色或增加颜色深度。

25.50g ························· 硅灰石

22.22g ························· 熔块 3195

18.89g ························· 燧石（二氧化硅）

16.67g ························· 霞石正长岩

16.67g ························· 水洗高岭土

BRIAN TAYLOR 的光面基础釉

3～6 号

这是一种具有不同的纹理和外观的中温基础釉。它既不清晰也不浑浊，更像是多云的晴天。它不是简单的透明，会使釉面下的颜色变暗，变得更有深度。可添加着色剂，以 1%～10% 的增量进行测试。

18.80g ························· 硅灰石

18.80g ························· 熔块 3195

18.80g ························· 燧石

18.80g ························· 霞石正长岩

18.80g ························· 水洗高岭土

9.09g ························· 锌

欣赏

无标题面具 \ Robert Brady \ 泥条盘筑

水壶 \ Sam Chung \ 泥板成型、模板

盘子 \ Mike Helke \ 泥板成型

毛茸茸的尘埃 \ Linda Lopez \ 泥条盘筑、彩瓷
图片由 lemens Kois 为 Fisher Parrish 画廊提供

岸边 \ Rain Harris \ 手工成型瓷花、壁挂式木质底座、树脂
浸塑植物

其他图片由艺术家提供

亡命之徒 \ Lauren Gallaspy \ 手捏、泥条盘筑和干透的化妆土（022～018 号锥，表面装饰水性彩绘料，多次烧成）

蓝色云朵 \ David Hicks \ 手工雕塑

池塘和森林 \ Heesoo Lee \ 带附加元素的泥条盘筑和手捏成型

蓝色威士忌瓶 \ Jeremy Randall \ 泥板成型、用钢铁和镍铬合金丝、细化妆土、釉料和氧化物装饰

茶壶 \ Deborah Schartzkopf \ 模板、素烧模具、泥板成型

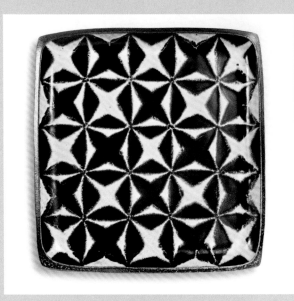

星盘 \ Courtney Martin \ 泥板成型、泥条盘筑

白色长方形盘子 \ Courtney Martin \ 泥板成型、泥条盘筑、
乳胶隔离剂

砖头上的花桶 \ Liz Zlot Summerfield \ 金属丝、细化妆土、
釉下料和釉料

图片由艺术家提供

模板

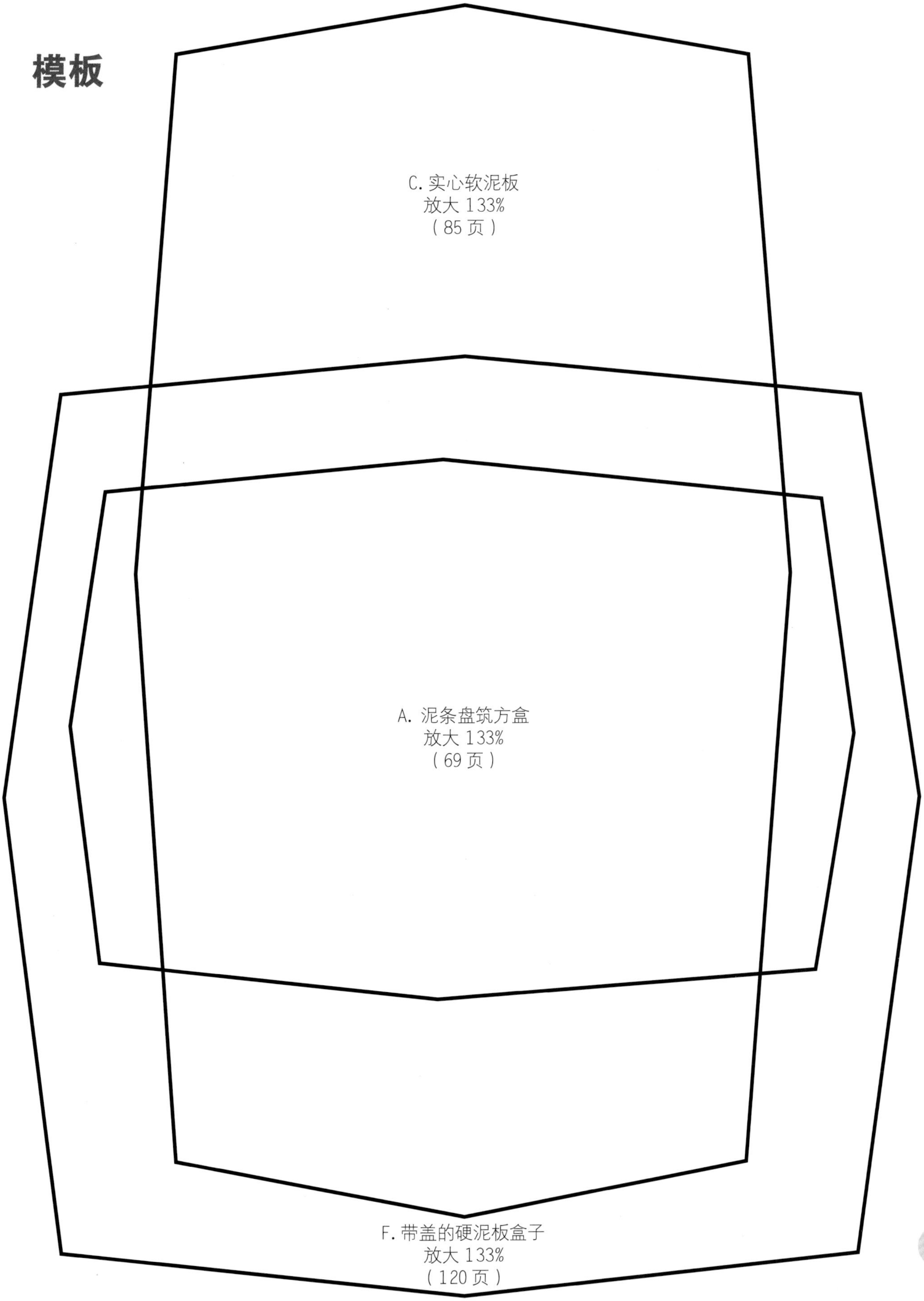

C.实心软泥板
放大 133%
（85 页）

A. 泥条盘筑方盒
放大 133%
（69 页）

F.带盖的硬泥板盒子
放大 133%
（120 页）

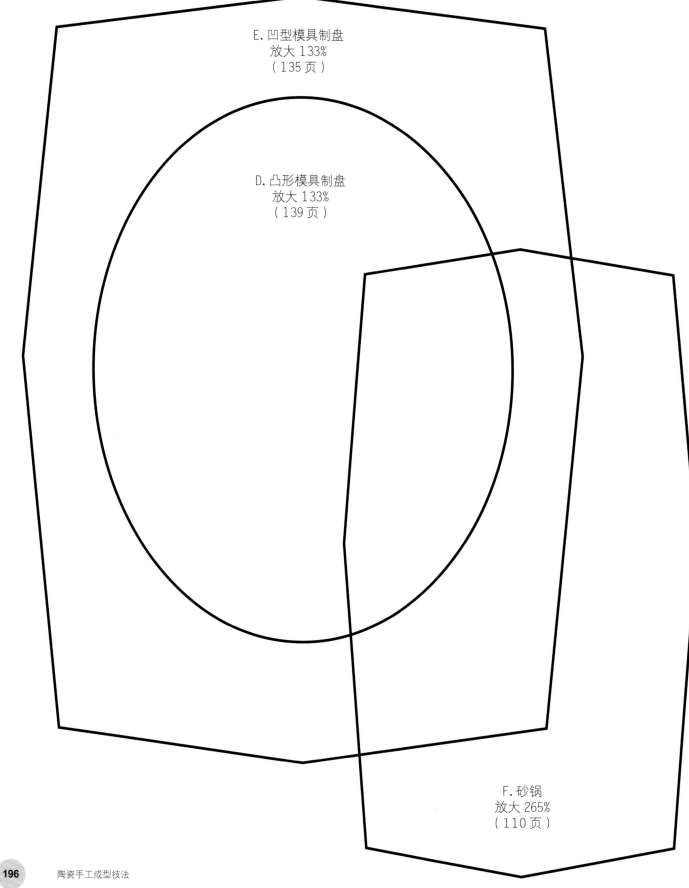

E. 凹型模具制盘
放大 133%
（135 页）

D. 凸形模具制盘
放大 133%
（139 页）

F. 砂锅
放大 265%
（110 页）

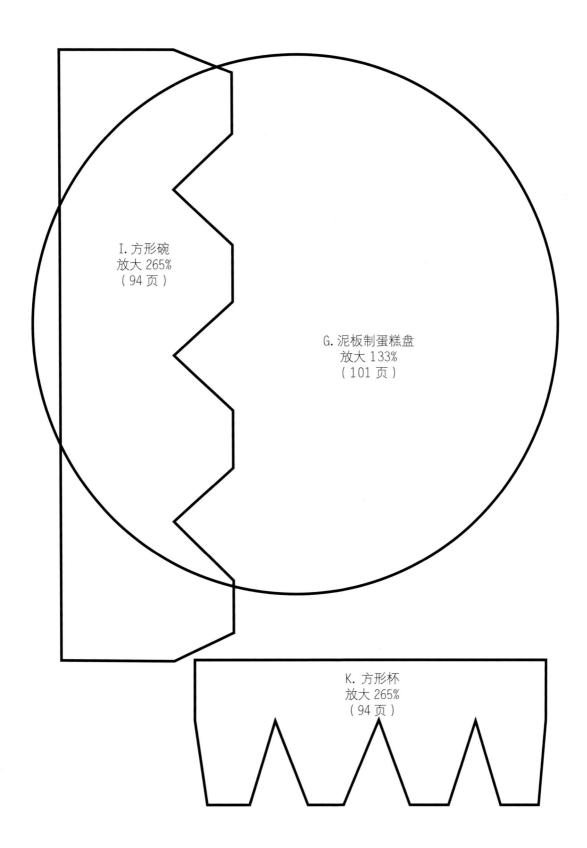

I. 方形碗
放大 265%
（94 页）

G. 泥板制蛋糕盘
放大 133%
（101 页）

K. 方形杯
放大 265%
（94 页）

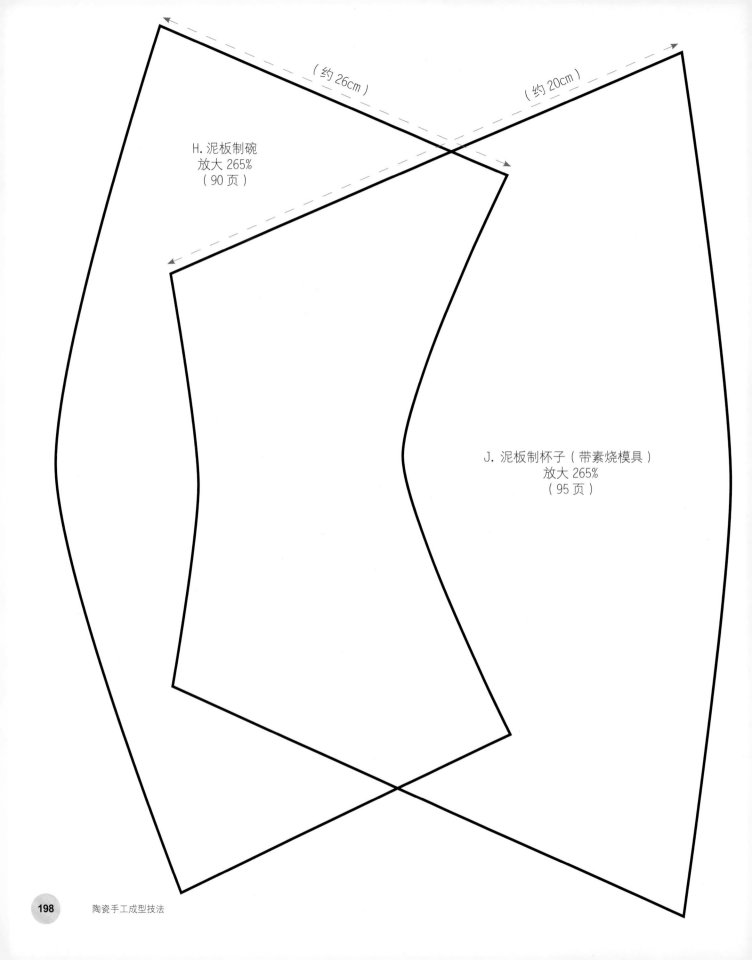

（ 约 26cm ）

（ 约 20cm ）

H. 泥板制碗
放大 265%
（ 90 页 ）

J. 泥板制杯子（ 带素烧模具 ）
放大 265%
（ 95 页 ）

致　谢

　　我知道写这本书是一个挑战——这也是我接受这个项目的部分原因。我非常感激这次经历：它拓展了我的能力，给了我一个机会，以一种我从未想到的方式为陶瓷界做出贡献。然而，这项具有挑战性的工作，不是我一个人的功劳。我要感谢几个特别的人，是他们帮助我完成了这项工作：

　　我的母亲，她给予了我生活上的最大支持。

　　我的朋友格雷厄姆，我再也找不到比你更好的姐妹了。你的支持和鼓励是一份礼物，我永远感激你在我生命中的出现与存在。

　　本·卡特，谢谢你推荐我参加这个项目。这是一次疯狂的旅程，我很感激你把我看作是一个手工陶瓷大师。

　　里森·彼得森，永远是我最喜欢的支持者！在这个疯狂的时期，我们的友谊一直是生活中的指路明灯（虽然有时是黑暗）。

　　琳达·伊斯顿，感谢和你在咖啡店的闲聊，在工作的日子和写作的时间里并肩作战！我珍惜你的支持和鼓励。

　　林赛·梅耶斯·卡罗尔，感谢你和我的沟通、谈话，以及和我一起探讨和思考人生。

　　吉赛尔·希克斯，感谢你做我的瑜伽伙伴和焦虑管理顾问。

　　感谢我的实习生，他们快速适应了我工作室时间的变化，了解我什么时候会去咖啡店完进行写作！特别感谢莉丽在我写书的时候所做的口述记录！

　　感谢所有为这本书提供帮助的杰出的艺术家们。我很感激你们花时间整理出照片，你们和你们的作品永远是我和陶瓷界其他人们的灵感源泉。

　　特别感谢在这个项目中与我产生共鸣的许多人。得到你们的鼓励和支持让我继续前进！感谢出版社的支持，感谢蒂姆·罗宾逊提供的照片，感谢加布里埃尔·克莱恩和奥赛黏土工厂支持拍摄。

　　最后，但也是最重要的，非常感谢我的编辑托马斯·奥赫恩，谢谢你的鼓励和耐心，没有你在我身边，我就没有勇气去尝试这样的项目。

关于作者

森夏恩·科布：美国加利弗尼亚州州立大学萨克拉门托分校艺术学士学位，犹他州州立大学陶艺硕士学位；拥有 Windgate 奖学金、陶瓷月刊的新兴艺术家奖以及其他相干领域的多项殊荣；曾在彭兰手工艺学校、安德森牧场艺术中心、阿罗蒙特工艺美术学校等任教；经常开展巡回展出和讲座，在加州萨克拉门托创立了 SIDECAR 工作室。

利用传统手工的技术，森夏恩·科布一直在表达手工陶瓷在机器化时代的重要性。时间的沉淀和挥之不去的时代记忆，是她作品的特色之一，同时她坚持着作品的功能性、实用性——在忙碌生活中创造出的器物并能在生活中使用。作品风格因大胆不被束缚、风格质朴等而受到评论界的好评，并在国际展览上不断亮相。

凭借强大的社交媒体关注度和线上影响力，森夏恩·科布成为美国新兴功能性手工陶瓷制作的代表性人物。作为现代艺术中实用性手工技艺的主要倡导者，她还致力于发展本地和全国范围内的陶艺社区。她经常为当地 K-12 艺术项目做志愿者，她的工作室为年轻学习者举办实习生计划、寻求导师、提供创作空间，帮助更多的年轻人了解和进入陶瓷艺术的领域。

关于译者

张婧婧：第十三届全国人大代表、景德镇陶瓷大学国际学院院长、教授、博士生导师。IAC 国际陶艺学会会员、江西省美术家协会理事、景德镇市女陶艺家协会会长。获得江西省五四青年奖章、江西省百千万人才、江西省青年骨干教师、江西省"四个一批"人才、江西省三八红旗手等荣誉称号。长期从事陶瓷文化国际交流，先后赴美国、法国、意大利、挪威、芬兰、土耳其、韩国、泰国等地学习交流。作品先后获得第十一届全国美展铜奖、入选第十二届、十三届全国美展，被中国美术馆、中国国家博物馆等机构收藏。